과학의 눈

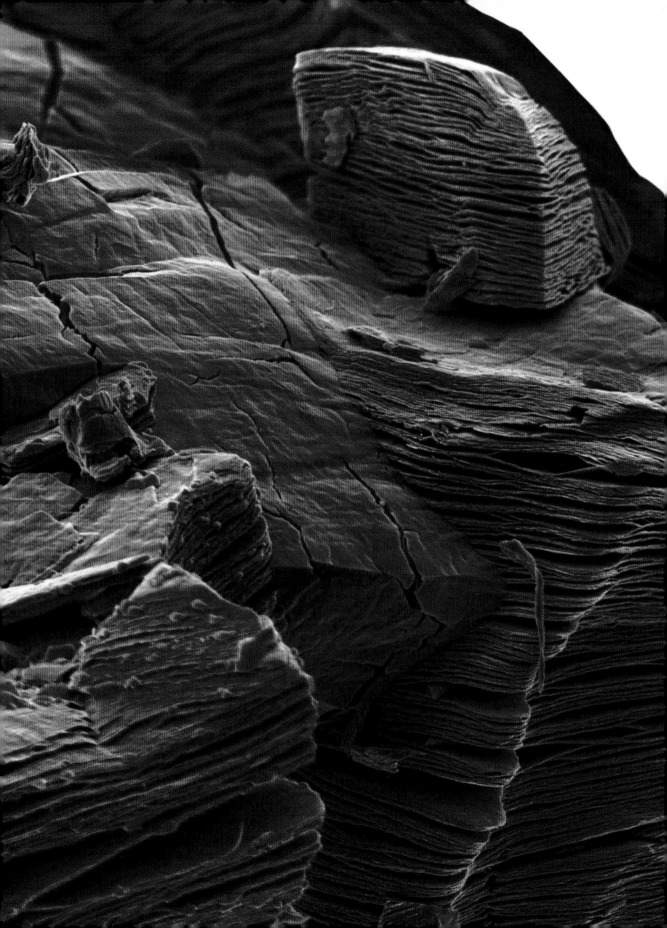

과학의 눈

보이지 않는 것을
보이게 하는 기술

잭 챌로너 지음 | 변정현 옮김

초사흘달

표지:
위_예술가가 담아낸 우주
파블로 카를로스 부다시, 2012년
p.9 참조

아래_극좌표로 시각화한 흑범고래의 발성
아쿠아소닉 어쿠스틱스, 연도 미상
p.100~101 참조

표제지:
탄화타이타늄의 주사전자현미경 사진
바박 아나소리, 드렉셀대학교, 2011

표제지를 장식한 이미지는 2011년 미국
국립과학재단의 시각화 챌린지에서 인기상을
받았다. 〈2차원 세계의 절벽〉이라는 제목이
붙은 이 이미지는 탄화타이타늄 결정을
매우 크게 확대한 모습으로, 초박막 층이
부식되어 절벽과 같은 형태가 남은 것이다.
주사전자현미경은 색을 보여 주지 못한다.
이미지의 색상은 제작자가 입힌 것이다.

차례

시작하며: 보다, 보여 주다

레오나르도 다빈치는 이렇게 쓴 적이 있다.

> "시인이여, 만약 그대가 살인적인 전투를 설명해야 한다면, 공포와 죽음의 기계에서 뿜어져 나오는 자욱한 연기가 먼지구름과 뒤섞여 어둠을 드리우고, 끔찍한 죽음을 두려워하는 불쌍한 이들이 겁에 질려 도망치는 장면을 묘사해야 할 것이다. 그렇다면 이런 일에는 당신보다 화가가 적임자다. 화가가 과학의 도움으로 곧장 보여 줄 수 있는 것을 당신이 미처 다 묘사하기도 전에 그대의 펜은 닳아 없어질 것이므로. 화가가 한순간에 보여 줄 수 있는 것을 당신이 말로 다 표현하기 전에 그대의 혀는 갈증에 말라붙고 몸은 졸음과 배고픔에 지쳐 버릴 것이므로."[1]

1911년, 〈뉴욕이브닝저널〉의 편집자 아서 브리즈번은 광고주들의 모임에서 같은 의견을 좀 더 간결하게 표현했다. "사진을 이용하세요. 천 마디 말의 가치가 있습니다."[2] 오늘날 우리는 이 말에 익숙할뿐더러 광고 이미지들에 시달리고 있다. 그 이미지들은 우리의 두뇌에 스며들어 말보다 더 효과적이고 즉각적으로 욕망을 불러일으킨다.

이미지가 그토록 강력한 이유 중 하나는 이미지에 포함된 정보가 '병렬적으로' 동시에 전달되기 때문일 것이다. 반면에 말이나 글이 통하려면 단어가 차례대로 전달되고 소비되어야 한다. 이미지에는 색상, 형태, 물체 사이의 거리, 물체의 집합, 얼굴의 표정과 몸의 자세, 움직임, 장소의 분위기 등 많은 세부 정보를 담을 수 있다. 우리 뇌는 이 모든 것을 놀랍도록 빠르게 해석한다. 2014년의 한 실험에서 참여자들은 눈앞에 번쩍이는 이미지를 불과 13ms(밀리초, 1ms=1,000분의 1초) 만에 식별할 수 있었다.[3] 또 이미지는 관련된 단어들보다 더 기억에 잘 남는다고 하는데, 이를 '그림 우월성 효과'라고 한다.

이미지는 매우 효율적이고 강력하며 두뇌 에너지를 많이 소모한다. 그래서 일반적으로 시각을 우세한 감각으로 여긴다. (특정 문화권에서는 다른 감각이 우세할 수 있다고 제안하는 연구도 있다.[4]) 인간의 시각 능력은 아마도 조상들이 생존하는 데 도움이 되었기에 진화했을 것이다. 연구 결과, 영장류(인류가 속해 있는 분류군)는 뇌 크기의 차이가 시각의 발달과 관련 있는 것으로 나타났다.[5] 전체 장면을 빠르게 파악하는 능력은 조상들이 먹을 것을 찾고, 지형 조건을 극복하며, 잠재적인 위협을 경계하는 데도 도움이 되었을 것이다. 우리는 바로 가까이에 있는 것만 맛보고 만질

뇌와 눈 해부도

의학 정보 포털 〈슈프링어메디진〉, 연도 미상

시각이 처리되는 해부학적 구조를 보여 주는 모식도로, 뇌 아래쪽에서 바라본 모습이다. 눈 뒤쪽 망막에 물체의 상(이미지)이 맺히면 빛을 감지하는 시각세포들이 신경 자극을 일으킨다. 선과 가장자리 인식 같은 기본적인 이미지 처리는 망막에서 이루어진다. 눈은 시신경(밝은 노란색)을 따라 초당 약 9Mb(메가비트)의 신호를 보낸다. 시신경의 일부 신경세포(뉴런)는 시신경 교차점에서 엇갈려 왼쪽 눈의 정보가 뇌의 오른쪽에 도달하고, 반대쪽 정보 역시 같은 방식으로 전달된다. 신경 자극은 시각겉질(빨간색으로 강조한 부분)에 도착하여 마침내 처리된다. 장기기억, 연합겉질, 전두겉질의 처리 영역에서 보내는 정보도 시각겉질로 전달된다.[6]

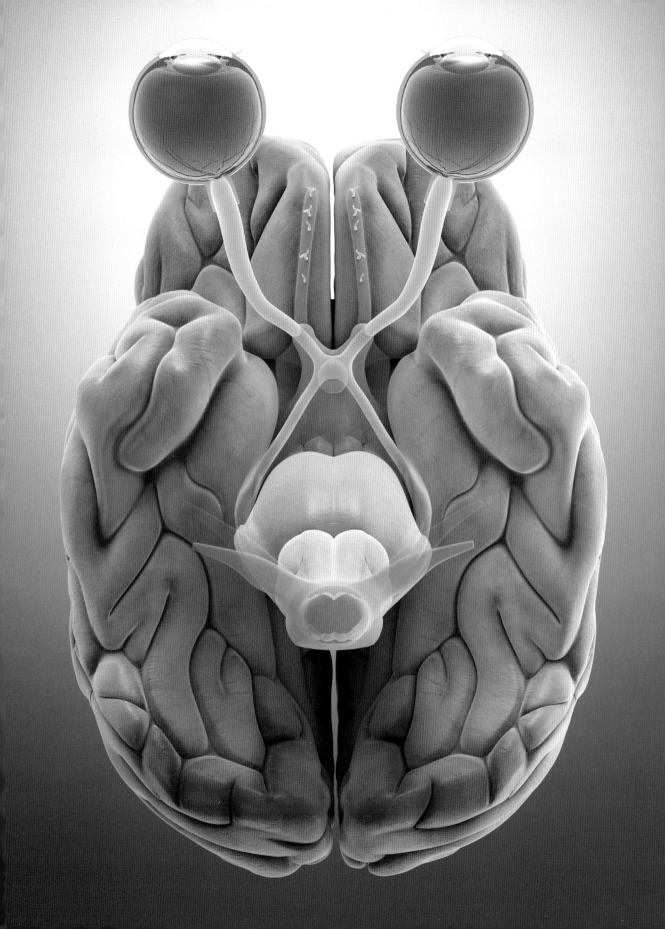

수 있고, 근처에서 바람에 실려 오는 냄새만 맡을 수 있으며, 크고 가까운 소리만 들을 수 있다. 하지만 시각은 다르다. 적절한 조건에서 우리는 멀리까지 볼 수 있다.

광고에서 이미지가 특별한 힘을 발휘하듯 과학에서도 그렇다. 이 책은 150가지 이상의 예시를 통해 과학에서 이미지가 얼마나 중요하고 어떻게 활용되는지 보여 준다. 특히 이미지는 보이지 않는 것을 보여 줌으로써 과학 지식에 더 쉽게 접근하고 이해할 수 있게 도와준다. 건축가이자 발명가, 미래학자인 버크민스터 풀러가 말한 대로 "현실의 99.9%는 인간의 감각으로 인지할 수 없기 때문에 이미지의 도움은 중요"하다.[7] 일반적으로 눈에 보이지 않는 사물을 이미지로 나타내려면 현미경, 망원경, 적외선이나 고속 카메라 등 애초에 사물을 볼 수 있게 해 주는 기술이 필요하다. 이런 기술과 그 기술로 만들어 내는 이미지가 바로 1부의 주제다.

거의 모든 과학적 활동에서 중요한 비중을 차지하는 것은 데이터 수집이다. 데이터는 대개 숫자로 이루어져 있는데, 그 자체로는 별 의미가 없다. 데이터가 뜻하는 바를 광고처럼 즉각적이고 명확하게 알 수 있게끔 과학자들은 그래프와 다양한 구성 요소를 이용해 데이터의 추세를 시각화한다. 2부에서는 데이터 시각화를 찬양하며, 과학이 생산하는 정보와 지식을 보여 주기 위해 이미지를 활용하는 방법을 살펴본다.

과학자들이 생산하는 데이터는 수학 모델에서 나오기도 한다. 예컨대 천체물리학처럼 실험을 수행할 수 없는 상황에서 가설을 검증해야 할 때 수학 모델이 아주 유용하다. 수학 모델의 시각적 결과, 특히 슈퍼컴퓨터로 시뮬레이션하여 생성한 시각적 결과물이 3부의 주제다.

4부에서는 과학 분야에서 예술가들의 역할을 살펴본다. 어떤 예술가들은 과학자들과 협력해 먼 과거의 광경이나 심우주의 물체 등 우리 눈으로 볼 수 없는 대상에 관한 정보가 담긴 장면을 만들어 내기도 한다. 이렇게 표현된 예술적 창작물은 복잡한 주제를 이해하기 쉽게 만들어 더 많은 대중에게 과학 지식을 전달해 준다. 때로 예술가들은 과학적 아이디어를 더욱 추상적으로 표현함으로써 지식 전달을 넘어 감동을 불러일으키기도 한다.

물론 모든 이미지에는 제각기 메시지가 담겨 있지만, 약간의 설명을 곁들여야만 제대로 이해되는 경우가 대부분이다. 심지어 앞에서 언급한 아서 브리즈번도 광고주들에게 "다섯 단어와 함께" 그림을 사용하라고 조언했다. 그래서 이 책에 수록한 이미지에도 각각의 출처 정보와 간단한 설명을 덧붙였다. 그리고 호기심 많은 독자를 위해 추가 정보가 담긴 과학 논문이나 그 밖의 참고 자료를 찾아볼 수 있게 표시해 두었다.

예술가가 담아낸 우주

파블로 카를로스 부다시, 2012년

시공간을 함축해 우주 전체를 담아낸 경이로운 작품. 현재의 태양계를 중심에 두고 태초에 생성된 강력한 플라스마를 맨 가장자리에 표현했다. 이 한 장의 이미지에 이 책의 네 가지 주제가 다 담겨 있다. 인간의 눈으로 볼 수 없는 것을 표현했고(1부), 실제 데이터를 기반으로 하며(2부), 로그 스케일*로 재구성한 수학 모델이고(3부), 예술가의 손에서 탄생했다(4부).

* 로그를 이용해 수치 데이터를 간결하게 표시하는 눈금의 일종으로, 원점에서 멀어질수록 축척이 줄어들어 광대한 범위를 시각화하는 데 유용하다.

우리는 모든 규모로 존재하는 섬세한 아름다움과 정교한 혼돈의 보이지 않는 패턴 속에서 살아가고 있다. 보이지 않는 복사선(물체에서 방출되는 입자나 전자기파)이 사방에서 쏟아져 나오고, 모든 공간을 채우고 변화하는 장(field)이 우리를 둘러싸고 있다. 복잡한 분자 기계인 우리 세포는 보이지 않을 만큼 작고, 우리의 기원에 관한 이야기는 상상할 수 없을 만큼 긴 시간을 거슬러 올라간다. 과학이 발견한 것들을 이해하는 유일한 방법은 그것들을 마음속으로 상상하거나 더 나아가 우리 눈앞에 그려 보는 것이다.

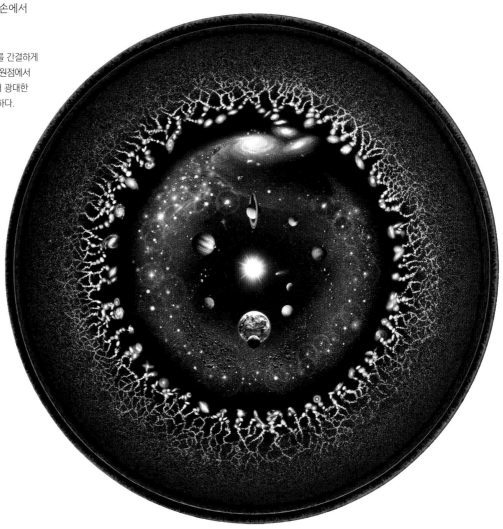

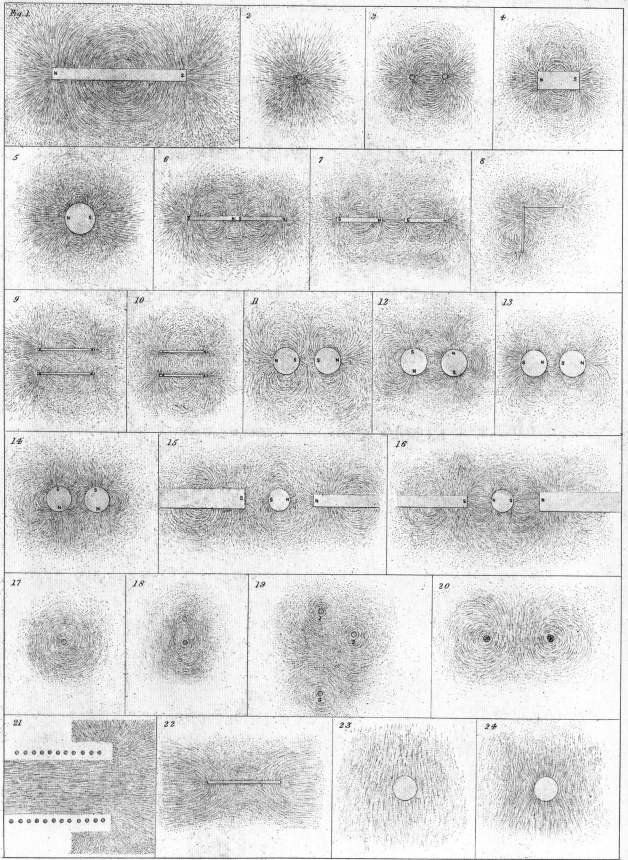

1부 | 보이지 않는 것을 보이게 만들기

이 세계에는 우리 눈에 보이는 것보다 훨씬 더 많은 것이 존재한다. 공기는 미세한 먼지 입자와 물방울로 가득하고, 무수한 원자와 분자로 이루어져 있으며, 대부분은 제트기보다 빠르게 이동한다. 가시 스펙트럼 너머의 복사선은 빛의 속도로 지나가고, 지구 밖에서 온 입자들은 뜨거운 칼이 버터를 자르는 것보다 더 쉽게 우리 몸을 통과한다. 전기장과 자기장이 우주의 모든 공간을 가득 채우고 있으며, 무수히 많은 과정이 너무 빨리 일어나서 우리가 인지할 수 없고, 반대로 너무 느리게 일어나서 알아차리지 못하기도 한다. 여기, 과학 기기와 기술로 보이지 않는 것을 보이게 하는 몇 가지 방법을 소개한다.

자기장 그림

마이클 패러데이, 1852년

물리학자이자 화학자인 마이클 패러데이가 그린 자기장 그림으로, 영국 〈왕립학회보〉에 게재되었다. 철가루의 패턴을 보면 자석 주위에 보이지 않는 힘의 장이 펼쳐져 있음을 알 수 있다. 패러데이는 실험가이자 이론가로서 시각적 사고에 의존해 한 분야에서 다른 분야로 나아갔다.[1] 그는 30년 이상 전기와 자기를 실험한 끝에 '장(field)'이라는 용어를 만들었다.

눈의 한계를 넘는 현미경과 망원경

눈의 한계와 시력

인간의 눈은 놀랍도록 훌륭하지만, 세 가지 주요 한계 때문에 주변 세계의 많은 부분을 보지 못한다. 첫째, 우리 눈에는 전자기파 스펙트럼의 극히 일부분인 가시광선(p.48 참조)만 보인다. 둘째, 눈은 일정 수준 이상 밝은 빛만 감지할 수 있다. 그렇다 보니 어떤 것은 너무 어두워서 보이지 않는다. 가령 아주 깜깜한 밤에도 맨눈으로 볼 수 있는 별은 약 6,000개뿐인데, 실제로는 어두워서 보이지 않는 별들도 상당히 많다. 망원경에는 우리 눈의 동공보다 큰 조리개가 있어서 빛을 모으는 능력이 더 뛰어나다. 1610년, 갈릴레오 갈릴레이는 "육안으로는 보이지 않는 수많은 별을 보았는데, 그 수가 믿을 수 없을 정도로 많았다"라고 했다(p.19 참조).

우리 눈의 세 번째 한계는 세세한 부분까지 식별하는 능력인 '시력'과 관련 있다. 이는 매우 작은 물체나 (아무리 크더라도) 아주 멀리 있는 물체는 보이지 않는다는 뜻이다. 이러한 한계가 생기는 한 가지 원인은 빛의 회절(파동 특성 때문에 빛이 퍼지는 현상) 때문이다. 눈의 동공을 통과하는 빛은 동공의 가장자리에서 퍼지는데, 마치 항구 벽의 틈을 통과할 때 물결이 퍼져 나가는 것과 같다. 그 결과, 물체에서 나온 빛이 망막에 떨어지면 또렷한 점이 아니라 작고 흐릿한 원반을 형성한다. 이 원반을 19세기 천문학자 조지 비델 에어리의 이름을 따서 '에어리 디스크'라고 부르는데, 망막에 맺힌 이미지에서 아주 가까이 있는 두 점은 에어리 디스크가 합쳐지므로 결국 이 두 점을 구별할 수 없게 된다. (이렇게 매우 인접한 두 점을 별개의 것으로 식별할 수 있는 능력을 '분해능' 또는 '해상력'이라고 한다.)

디지털카메라의 해상도가 이미지 센서에 있는 감광 소자의 수에 따라 달라지는 것처럼, 시력도 망막에 분포하는 시각세포의 밀도에 영향을 받는다. 망막에는 1억 개에 가까운 시각세포가 있다. 우리 눈의 시력은 망막에서도 세포 밀도가 가장 높은 중심와(황반)라는 좁은 영역에서 가장 높다. 중심와의 중앙에는 $1mm^2$당 15만 개 이상의 세포가 있다.[2]

인간의 최고 시력

시력은 사람마다 (그리고 나이에 따라) 다르며, 주로 표준 시력 검사를 통해 측정한다. 이 검사를 19세기 안과 의사 헤르만 스넬런의 이름을 따서 '스넬런 검사'라고 하는데, '20/20(미터 단위로 6/6)' 시력을 정상 시력(흔히 말하는 1.0)으로 정의한다. 앞쪽의 20은 시력표까지의 기준 거리(20ft 또는 6m)를 나타낸다. 두 번째 숫자는 검사받는 사람이 기준 거리에서 알아볼 수 있는 문자를 정상 시력을 가진 사람은 어느 거리에서 식별할 수 있는지를 나타낸다. 따라서 시력이 1.0인 사람은 두 번째 숫자도 20(또는 6)이다. 특별한 예로 20/8(6/2.4)이라는 최고 시력을 기록한 사람은 정상 시력을 가진 사람이 8ft(2.4m) 거리에서 겨우 볼 수 있는 문자들을 기준 거리, 그러니까 20ft(6m)에서 알아볼 수 있었다.* 이렇게 예리한 눈을 가진 사람들은 물체를 150분의 1° 간격으로 구별할 수 있다. 이 값은 팔을 쭉 뻗어 잡은 머리카락의 폭이 만드는 각도와 같다. 정상 시력을 가진 사람의 분해능은 약 60분의 1°이다.

눈의 한계를 극복하다

망막에 맺히는 상의 크기를 키우면 세세한 부분까지 더 잘 알아볼 수 있다. 작은 물체를 눈 가까이 가져오면 망막에 맺히는 상은 훨씬 더 커진다. 그러면 상의 가장 미세한 부분까지도 더 많은 시각세포를 덮게 되므로 더는 회절이 문제가 되지 않는다. 하지만 여기에도 한계가 있다. 매우 작은 물체를 보려면 물체를 눈에 아주 가까이 가져와야 하지만 그러면 초점을 맞추기 어려워진다. 그래서 약 0.06mm보다 작은 물체는 맨눈으로 볼 수 없다.

현미경은 작은 물체를, 망원경은 멀리 있는 물체를 확대한 이미지를 만들어낸다. 접안렌즈는 확대된 이미지를 우리 눈앞에 보여 주므로 결과적으로 망막에 형성되는 상은 같은 물체를 맨눈으로 볼 때보다 훨씬 커진다. 현미경과 망원경은 이런 방식으로 인간이 맨눈으로 볼 수 없을 만큼 너무 작거나 너무 멀리 있는 것들을 인식할 수 있게 해 준다. 현미경과 망원경은 모두 16세기 말에 발명되었으며, 당연하게도 그 후 수십 년, 수백 년 동안 과학 발전에 핵심적인 역할을 했다.

---

* 표준 시력표에는 보통 2.0까지 표시되어 있지만, 인간의 최고 시력은 2.5로 알려져 있으며, 바로 이 사례(20/8 또는 6/2.4)에 해당한다.

선구적인 현미경학자였던 안토니 판 레이우엔훅은 박테리아를 최초로 관찰한 사람이다. 그는 강력한 렌즈를 장착한 현미경을 직접 만들었는데, 그의 현미경은 동시대의 다른 장비보다 확대율이 월등히 높았다. 레이우엔훅 이후로 다른 사람이 박테리아를 관찰하기까지는 거의 100년이 걸렸다. 질병에서 박테리아의 중요성을 깨닫기 시작한 것은 19세기에 이르러서였으며, 20세기에 들어서야 눈에 보이지 않는 이 단세포 생물이 동식물의 진화와 생태에 중요하다는 사실을 이해하기 시작했다.

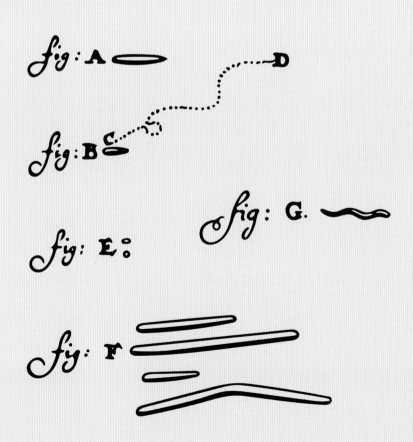

PLATE XXIV

초기의 정자 그림

안토니 판 레이우엔훅, 1677년

1677년, 요한 함이라는 의대생이 정액에서 '극미동물(animalcules)'을 관찰했다고 레이우엔훅에게 보고했다.[3] ('animalcules'는 미생물을 지칭하기 위해 레이우엔훅이 만든 단어다.) 레이우엔훅은 자신의 정액 샘플에서 정자 세포를 관찰한 후, 다른 동물들의 정액에서도 정자를 발견했다. 아래 그림은 그의 연구 결과로, 토끼의 정자(Fig.1~4)와 개의 정자(Fig.5~8)를 그린 것이다. 그는 정자 세포가 난자 세포로 들어가면 수정이 일어난다고 처음으로 설명한 사람이지만, 이를 직접 관찰한 적은 없다. 레이우엔훅은 17~18세기에 보이지 않는 아주 작은 세계를 발견한 여러 현미경학자 중 한 명이다.

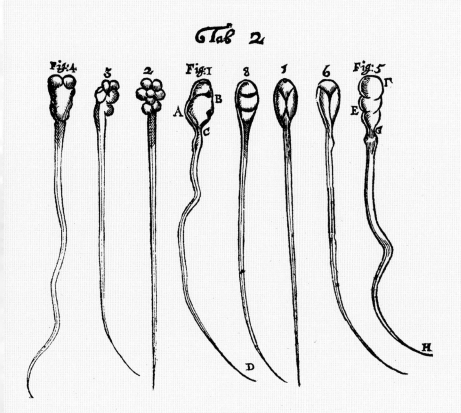

《마이크로그라피아》 삽화

로버트 훅, 1665년

로버트 훅은 현미경 분야의 또 다른 선구자로, 레이우엔훅과 같은 시대를 살았다. 훅은 1665년에 출간한 저서 《마이크로그라피아(*Micrographia*)》에 '털이 있는 강낭콩' 꼬투리(왼쪽)와 벌침(오른쪽) 그림을 그려 넣었다. 책 서문에서 그는 '새로운 가시적 세계'를 발견했으며, 자신의 작업이 '감각의 확대'를 의미한다고 밝혔다. 콩깍지의 미세한 털이나 벌침이 실제로 보이지 않는 것은 아니다. 다만 맨눈의 분해능이 그 미세한 조직에 못 미칠 뿐이다.

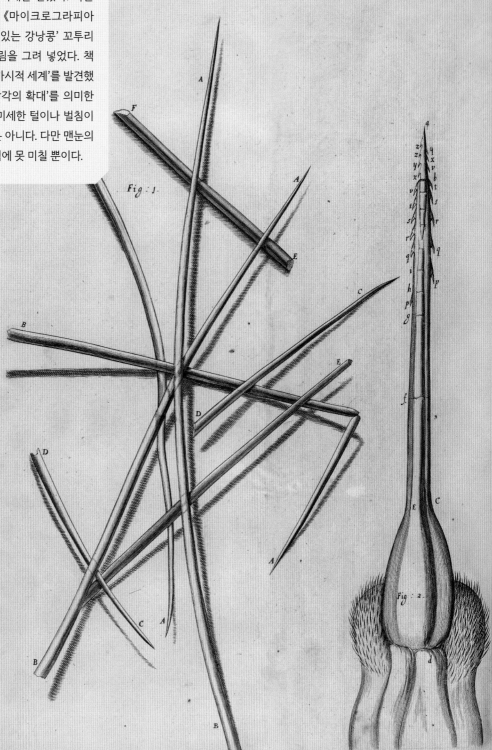

염색한 신경세포 그림

산티아고 라몬 이 카할, 1890년경

19세기 후반에 미생물학자들은 특정 세포 또는 세포의 특정 부분을 염색하는 데 다양한 색소를 사용하기 시작했다. 염색은 구성 요소가 무색인 세포를 관찰할 때 매우 효과적인 대비를 만들어 낸다. 1880년대에 이탈리아의 해부학자 카밀로 골지는 뉴런 전체에 무작위로 부착되는 염료를 개발하여 뇌 안에 조밀하고 복잡하게 뒤얽힌 뉴런의 구조를 선명하게 시각화했다. 이후 스페인의 신경과학자 산티아고 라몬 이 카할은 골지의 염색법을 이용해 뇌 구조에 관한 기념비적인 연구를 수행했다.

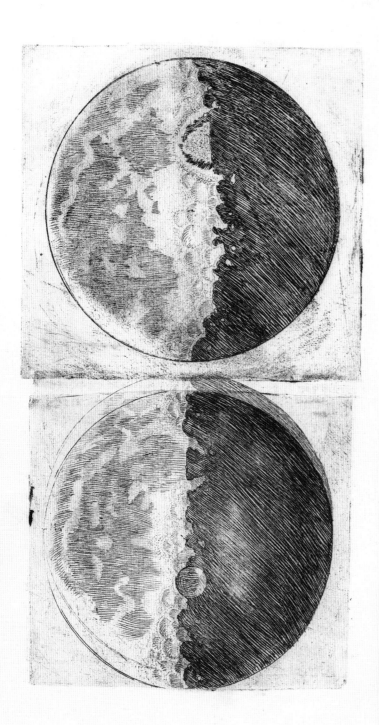

크레이터가 보이는 달 그림

갈릴레오 갈릴레이, 1610년

때로는 익숙한 무언가에서 그동안 보지 못한 세부 사항을 밝힘으로써 오랫동안 믿어 온 가설을 뒤엎을 수 있다. 예컨대 수백 년 동안 학자들은 달이 완전히 매끄러운 구체라고 믿었다. 1609년, 갈릴레오가 직접 만든 망원경으로 달을 관찰했을 때, 그곳에는 울퉁불퉁한 산과 크레이터가 있었다. 갈릴레오는 1610년에 출간한 《시데레우스 눈치우스(*Sidereus Nuncius*)》라는 책에 이러한 관측 결과를 그림과 함께 상세히 기록했다. '별의 전령'이라는 뜻의 이 책에는 목성 주위를 도는 네 개의 위성(이오, 유로파, 가니메데, 칼리스토) 그림도 실려 있는데, 이는 우주의 모든 물체가 지구 주위를 공전한다는 기존의 가설에 도전하는 데 도움을 주었다.

은하수의 별 그림

갈릴레오 갈릴레이, 1610년

밤하늘에 빛나는 별의 밝기는 등급으로 표시한다. 맑고 깜깜한 밤에 맨눈으로 볼 수 있는 가장 어두운 별은 6등급이다. (등급의 숫자가 작을수록 밝은 별이다.) 밤하늘의 친숙한 풍경 중 하나는 은하수다. 은하수는 하늘을 가로질러 은가루를 뿌려 놓은 듯 희미한 띠처럼 보인다고 해서 붙은 이름이다. 갈릴레오는 자신의 망원경을 통해 은하수가 우윳빛의 연속체가 아니라 무수히 많은 개별 별들로 가득 차 있으며, 각각의 별은 인간의 눈으로 인식하기에는 너무 어둡다는 사실을 알아냈다. 그는 이 같은 관측 결과를 저서 《시데레우스 눈치우스》에 기록했다.

정보를 포착하는 사진술과 전자현미경

이미지를 붙잡아 두는 사진술

망원경과 현미경이 발명된 후 200여 년 동안 과학자들은 관찰한 내용을 그림과 글로 전달할 수밖에 없었다. 그러다 1820년대에 사진술이 발명된 직후부터 카메라를 장비에 부착해 관찰 내용을 직접적이고 정확하게 기록할 수 있게 되었다. 최초의 천체 사진(망원경에 카메라를 장착하여 찍은 사진)은 1840년에 촬영되었고(p.26~33 참조), 최초의 현미경 사진(현미경으로 확대하여 찍은 사진) 역시 비슷한 시기에 촬영되었다.

사진술에는 다른 이점도 있다. 노출을 길게 해서 빛을 더 많이 모으면 어두운 물체도 관찰할 수 있다(p.28, p.32 참조). 반대로 노출이 매우 짧은 사진이나 프레임 속도가 매우 빠른 동영상은 우리가 인지하기에는 너무 빠른 현상을 잡아낼 수 있다(p.34~37 참조). 그리고 타임랩스 기법은 매우 느리게 일어나는 과정을 빠른 속도로 보여 줄 수 있다(p.39 참조).

카메라 부착 여부와 상관없이 광학현미경의 분해능에는 한계가 있다. 우리 눈의 분해능에 한계가 있는 것과 마찬가지다(p.12 참조). 이론상으로 관찰에 사용되는 빛(우리 눈의 경우 가시광선) 파장의 절반보다 크기가 작은 물체의 이미지를 포착하는 것은 불가능하다. 가시광선의 파장은 400~700nm (0.0004~0.0007mm) 범위에 있으므로, 성능이 아무리 뛰어난 현미경이라도 크기가 200nm보다 작은 물체의 이미지는 원칙적으로 만들어 낼 수 없다. 하지만 최근 수십 년 동안 이 한계를 조금 넘어서기 위해 몇 가지 독창적인 기술이 개발되었고, 더욱 높은 해상도를 달성할 대안도 찾았다. 바로 전자현미경이다.

광학현미경을 뛰어넘은 전자현미경

전자현미경은 원자 및 아원자(원자를 구성하는 전자, 양성자, 중성자 등의 입자) 크기 수준에서 빛과 입자의 거동을 연구하는 양자역학의 발전에 따라 탄생했다. 양자역학의 핵심 발견 중 하나는 전자와 같은 작은 물체가 입자이면서 파동으로도 행동한다는 것이다. (빛은 파동이면서 입자로도 행동한다.) 전자현미경은 전자빔을 물체에 비추었을 때 통과하거나 튕겨 나오는 전자를 검출해 이미지를 만들어 낸다. 전자의 파장은 가시광선의 파장보다 훨씬 짧다. 따라서 전자현미경이 광학현미경보다 분해능의 한계가 훨씬 작다. 이러한 차이로 전자현미경은 최대 5000만 배까지 확대할 수 있으며, 광학현미경은 최대 2,000배까지만 확대할 수 있다.

인간 혈액 세포의 다게레오타이프 사진

알프레드 도네, 레옹 푸코, 1845년

알프레드 도네는 사진 기술이 아직 초기 단계였던 1840년에 현미경사진술을 발명했다. 도네는 다게레오타이프(은판사진술) 기법으로 포착한 이 사진을 자신의 저서 《현미경학 강의 (Cours de Microscopie)》에 실었다. 다게레오타이프는 루이 다게르가 1830년대에 발명한 사진 기술로, 광택 낸 은판을 아이오딘이나 브로민 증기에 노출하여 빛에 민감하게 만드는 방식이다.* 도네는 책 서문에서 사진이 현미경학 분야에 미치는 중요성을 강조하며 다음과 같이 썼다. "우리는 본 것을 설명하기 전에, 관찰한 것에서 결론을 내리기 전에, 우선 자연이 충실히 재현되도록 놓아둔다."

* 초기의 사진 기술은 노출 시간이 8시간 정도로 매우 길었는데, 다게레오타이프의 발명으로 사진 촬영에 걸리는 시간이 20분 정도로 단축되었다.

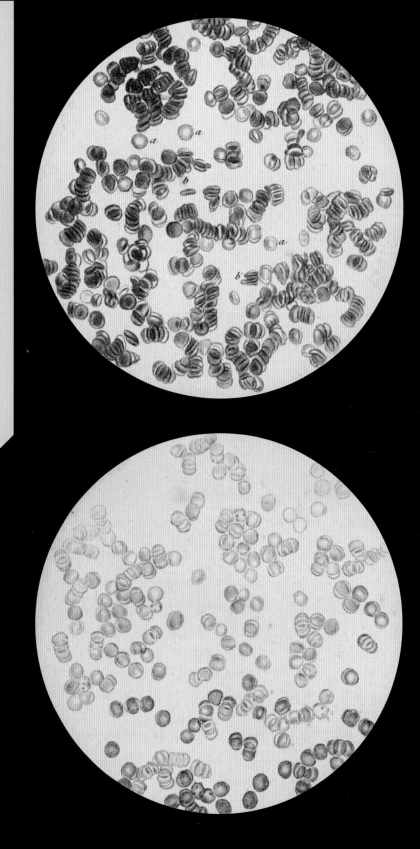

파코디스쿠스 클리페우스의 현미경 사진

안드레아스 드류스, 2017년

이것은 1887년에 박물학자 에른스트 헤켈이 발견한 파코디스쿠스 클리페우스(*Phacodiscus clypeus*)라는 방산충의 현미경 사진이다. 방산충은 실리카(이산화규소)로 만들어진 정교한 껍데기에 싸여 있는 단세포 해양 생물(플랑크톤)인데, 단세포 생물로서는 놀랍게도 포식성이 있다. 껍데기의 구멍으로 가느다란 돌기가 방사형으로 뻗어 나와 다른 단세포 생물을 잡아먹는다. 바다에 엄청난 수로 존재하며 해양 먹이 그물, 생태, 지질, 기후에 중요한 역할을 한다. 현미경의 피사계 심도(피사체 앞뒤로 초점이 맞는 범위)는 매우 제한적이어서, 이 이미지는 조금씩 다른 초점면에서 찍은 여러 사진을 합쳐서 만들었다.

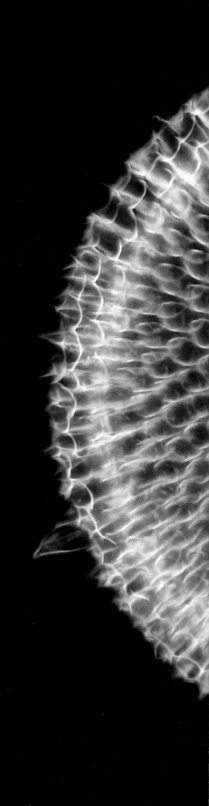

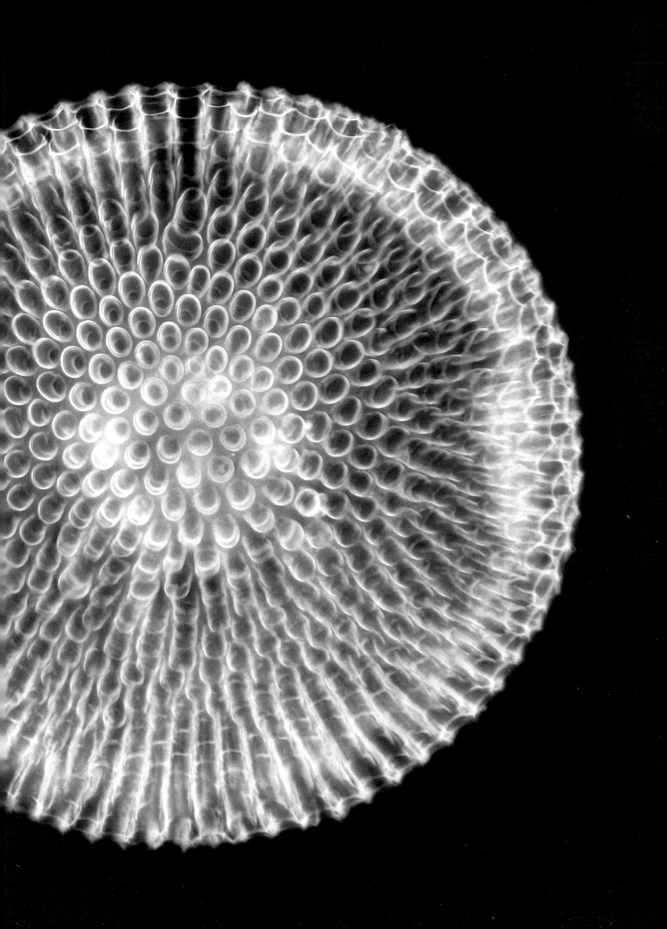

흑점이 보이는 태양의 다게레오타이프 사진

레옹 푸코, 이폴리트 피조, 1845년

태양의 흑점은 맨눈으로는 볼 수 없는데, 너무 어두워서 그런 것은 아니다. 단지 태양 표면의 다른 부분보다 덜 밝을 뿐이다. 태양을 하얀 종이에 투영하면 흑점을 관찰할 수 있는 만큼, 이 사진에 흑점이 나타난 것은 신기한 일이 아니다. 다만 이것이 태양에 관한 최초의 천체 사진이라는 데 의미가 있다. 이 이미지는 지름 12cm의 다게레오타이프(p.21 참조) 사진으로, 노출 시간은 60분의 1초였다.

안드로메다은하 천체 사진

허블우주망원경, NASA, 2015년

이 사진은 허블우주망원경을 통해 만든 역대 최대 규모 이미지의 일부분이다. 안드로메다 은하의 한 부분을 촬영한 것으로, 전체 디지털 이미지의 파일 크기는 4.3GB(기가바이트)에 달한다. 안드로메다은하는 지구에서 250만 광년 떨어져 있는데도 수백만 개의 별들이 보인다. 미국 항공우주국(NASA)은 이를 해변 사진에서 모래알을 식별하는 것에 비유했다. 이 이미지는 단순한 스냅 사진이 아니라, 400개 이상의 서로 다른 '포인팅(시야 방향)'에서 촬영한 수천 개의 개별 이미지를 합쳐 만든 모자이크다. 이미지의 색상은 인간의 눈으로 실제로 볼 때와 정확히 일치한다.

허블레거시필드의
디지털 천체 사진

허블우주망원경, NASA, 2019년

허블레거시필드는 허블우주망원경이 찍은 약 7,500장의 사진을 합쳐 매우 광대한 범위의 우주를 한 장의 이미지로 만든 것이다. 개별 사진들의 노출 시간을 모두 합하면 수백만 초에 달하는 장노출 디지털 천체 사진이다. 노출 시간이 길면 매우 어두운 물체도 볼 수 있다. 이 사진에서 가장 희미한 은하는 인간의 눈으로 볼 수 있는 밝기의 100억분의 1에 불과하다. 허블레거시필드는 1995년의 허블 딥필드*에서 시작된 20년에 걸친 작업의 결실이다. 허블레거시필드에 포함된 권역의 관측 시야(field of view)는 지구에서 보는 보름달 크기 정도지만, 그 안에는 20만 개 이상의 은하가 담겨 있다.

* 아무것도 없는 듯 보이는 검은 하늘을 촬영해 수천 개의 은하를 발견한 기념비적인 천체 사진. 이 발견 이후로 허블우주망원경을 이용해 여러 심우주 영역을 적극적으로 촬영하기 시작했다.

태양 표면의 천체 사진

대니얼K.이노우에태양망원경,
할레아칼라천문대(NSO/AURA/NSF)*, 2020년

이 사진에서는 태양 표면(광구)의 모습이 겨우 30km 앞에 있는 것처럼 선명하게 보인다. 이 정도면 마치 50m 앞에 있는 대리석을 보는 것과 같다. 사진에 보이는 무늬는 플라스마(전하를 띤 고온의 기체)의 대류에 의해 만들어진다. 뜨거워진 플라스마가 상승했다가(밝은 부분) 냉각되어 다시 하강하면서(어두운 부분) 태양 내부의 열이 표면으로 전달된다. 유독 밝은 부분은 태양의 자기장선을 따라 극도로 뜨거운 플라스마가 코로나(태양의 가장 바깥 대기층) 너머로 분출되는 지점이다. 이 이미지는 지상에 설치된 대니얼K.이노우에태양망원경이 포착한 첫 번째 사진이다. 스펙트럼의 빨간색 바로 너머에 있는 파장의 빛(근적외선)을 모아 촬영했다(p.48 참조).

* NSO: 미국 국립태양관측소, AURA: 천문학 연구를 위한 대학 협회, NSF: 미국 국립과학재단

왜소행성 명왕성의 디지털 이미지

뉴허라이즌스, NASA, 2018년

NASA의 뉴허라이즌스 탐사선에 탑재된 다중스펙트럼가시영상카메라(MVIC)로 포착한 명왕성의 모습이다. 재보정을 거쳐 2018년에 공개된 이미지로, 명왕성의 '진짜 색상'을 보여 준다. 만약 탐사선에 사람이 탑승하고 있었다면 직접 보았을 모습에 매우 가깝다. 이미지가 처음 촬영된 2015년 7월, 뉴허라이즌스는 명왕성 표면에서 겨우 3만 5,500km 상공에 있었다. 그 덕분에 명왕성을 매우 가까이서 촬영할 수 있었다. 당시 지구와 명왕성 간 거리는 33AU(지구와 태양 간 거리의 33배)였다. 명왕성은 아주 멀리 있는 데다가 맨눈으로 볼 수 없을 정도로 작고 어두워서 지상에서는 최고 성능의 망원경을 이용해도 흐릿한 원반 이상으로는 보이지 않는다.

동물의 운동 사진

에드워드 마이브리지, 1887년

어떤 현상은 눈으로 명확히 볼 수 없을 정도로 빠르게 일어난다. 19세기에 예술가와 승마인은 말이 질주할 때 네 발굽이 모두 땅에서 떨어지는지에 대해 오랫동안 논쟁을 벌였다. 1878년, 철도 재벌 릴런드 스탠퍼드가 이 논쟁을 해결하기 위해 나섰다. 그는 사진작가 에드워드 마이브리지를 고용했고, 마이브리지는 12대의 카메라를 일렬로 배치한 다음, 말이 질주하며 지나갈 때 걸림선(trip wire)이 카메라 셔터를 작동시키게 했다. 이후로 마이브리지는 인간과 다른 동물들을 대상으로 수백 건의 운동 연구를 수행했다. 아래 이미지는 1887년에 질주하는 말을 촬영한 것이다.

촛불을 통과하는 총알의 고속 사진

해럴드 에저턴, 킴 밴디버, 1973년

해럴드 에저턴 박사는 고속 사진 분야의 선구자다. 그는 1930년대부터 다양한 기법을 이용해 맨눈으로는 볼 수 없는 놀라운 이미지를 포착했다. 1940년대에는 래파트로닉 (Rapatronic, rapid-action electronic을 줄인 말) 카메라를 개발했는데, 이것은 1ns(나노초, 10억분의 1초)와 같이 극히 짧은 노출 시간을 다룰 수 있는 고속 카메라다. 오른쪽 이미지는 거울과 렌즈를 특정 방식으로 배열해 공기의 밀도 변화를 포착하는 슐리렌 기법을 이용한 것으로, 카메라의 노출 시간은 $1\mu s$(마이크로초, 100만분의 1초)였다.

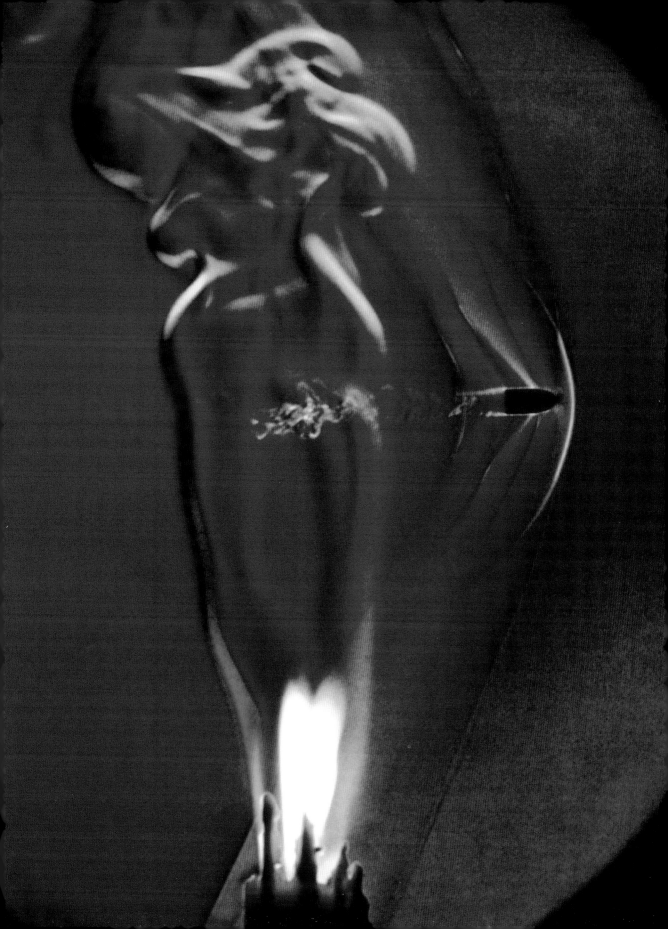

사과를 관통하는 총알의 고속 사진

해럴드 에저턴, 킴 밴디버, 1973년

매사추세츠공과대학교(MIT)의 교수였던 해럴드 에저턴 박사가 'MIT에서 사과 소스를 만드는 법'이라는 강의에 사용했던 유명한 사진이다. 이 사진을 찍으려면 방이 완전히 깜깜해야 해서 모든 빛을 차단하고 플래시의 밝은 빛만 비치도록 했다. 총알이 발사되는 소리를 마이크로폰이 잡아내 플래시와 카메라를 작동시켰고, 노출 시간은 딱 0.3μs(1000만분의 3초)였다. 총알이 들어가고 나가는 지점이 똑같이 폭발적으로 보인다.

명왕성 발견을 이끈 사진

클라이드 톰보, 1930년

1929년, 23세의 천문학자 클라이드 톰보는 1846년 해왕성 발견 이후 가설로만 존재하던 행성을 찾기 위해 밤하늘을 뒤지기 시작했다. 태양계의 천체는 '붙박이별(항성, 여기서는 태양)'을 중심으로 움직이지만, 아주 멀리 있는 천체는 그 움직임을 인지하기가 어렵다. 톰보는 1930년 1월 말에 며칠 간격으로 찍은 두 사진을 깜박임 비교기(blink comparator)라는 장치를 통해 번갈아 보았다. 이렇게 하면 두 사진에서 위치가 달라진 물체를 쉽게 찾아낼 수 있다. 1930년 2월 18일, 마침내 톰보는 찾던 것을 발견했다. 처음에 '행성 X'로 불린 이 천체는 나중에 명왕성이라는 이름을 얻었고, 2006년에는 왜소행성으로 재분류되었다. 아래 사진에서 흰색 화살표가 가리키는 것이 명왕성이다.

빙하 소실을 보여 주는 사진

루이 H. 페데르센, 1917년(오른쪽 위)
브루스 F. 몰리나, 2005년(오른쪽 아래)

우리가 직접 인지하기에는 너무 느리게 진행되는 일도 있다. 미끄러져 내리는 산악 빙하의 움직임 같은 것이 그렇다. 빙하의 질량 변화는 훨씬 더 인지하기 어렵다. 빙하는 항상 질량을 잃고 얻지만, 현재는 기후 변화로 전 세계 빙하의 질량이 급격히 감소하고 있다. 이런 사실은 같은 장소에서 수십 년 간격으로 촬영한 빙하 사진을 비교하면 쉽게 알 수 있다. 오른쪽 예시는 알래스카 케나이산맥에 있는 페데르센 빙하의 사진이다.

1930년 1월 23일

1930년 1월 29일

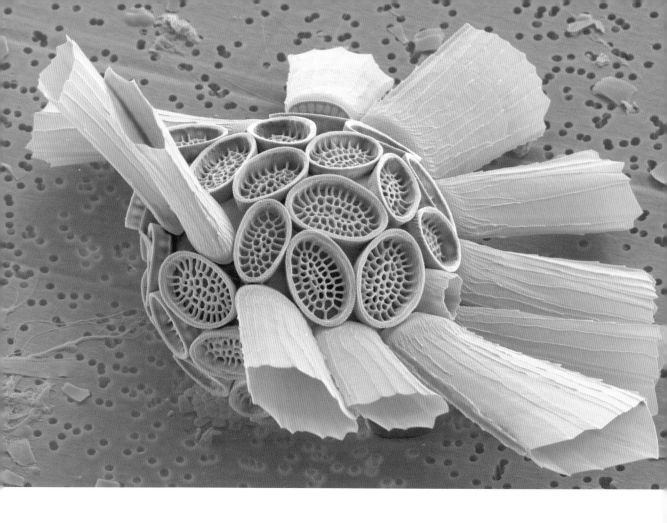

스키포스파에라 포로사의
주사전자현미경(SEM) 사진

제러미 영, 2008년

스키포스파에라 포로사(*Scyphosphaera porosa*)는 칼슘이 풍부한 광물질을 분비하여 보호용 껍데기를 만드는 단세포 해양 생물이다. 이런 생물을 석회비늘편모류라고 하며, 보통 지름이 0.02mm 정도 된다. 이는 광학현미경으로 볼 수 있는 크기지만(맨눈으로는 볼 수 없다), 위 사진과 같은 수준의 상세함은 전자현미경의 해상도로만 구현할 수 있다. 전자의 파장이 가시광선보다 훨씬 짧기 때문이다(p.20 참조). 전자현미경은 반사되거나 투과되는 전자를 검출하여 이미지를 만들어 내기 때문에 원래 사진에는 색상이 없다(p.43 참조). 그래서 연구자들은 이미지를 좀 더 잘 파악할 수 있도록 인위적으로 색을 입히기도 한다. 이런 색을 위색(false-color)이라고 한다.

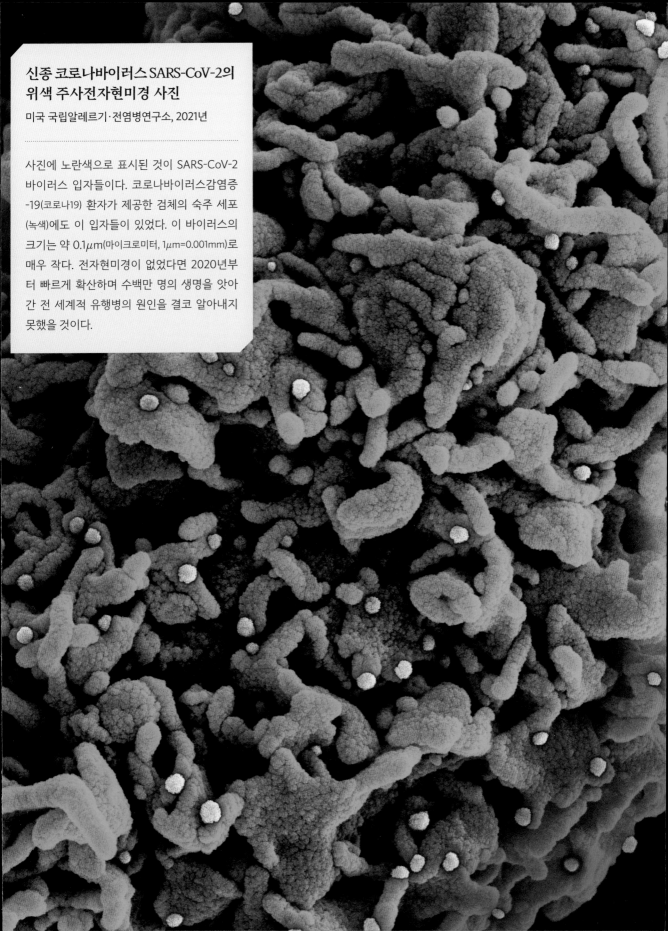

신종 코로나바이러스 SARS-CoV-2의 위색 주사전자현미경 사진

미국 국립알레르기·전염병연구소, 2021년

사진에 노란색으로 표시된 것이 SARS-CoV-2 바이러스 입자들이다. 코로나바이러스감염증 -19(코로나19) 환자가 제공한 검체의 숙주 세포 (녹색)에도 이 입자들이 있었다. 이 바이러스의 크기는 약 0.1μm(마이크로미터, 1μm=0.001mm)로 매우 작다. 전자현미경이 없었다면 2020년부 터 빠르게 확산하며 수백만 명의 생명을 앗아 간 전 세계적 유행병의 원인을 결코 알아내지 못했을 것이다.

인체 자연살해세포의
위색 주사전자현미경 사진

미국 국립알레르기·전염병연구소, 2016년

1960년대에 발견된 자연살해세포는 인체 면역 체계에서 중요한 부분을 차지한다. 이 세포는 림프계에서 발견되는 여러 가지 림프구 중 하나로, 백혈구의 한 종류다. 자연살해세포는 다른 림프구와 비슷한 방식으로 작용하며, 정교한 화학적 공격으로 병원성 세균, 감염된 세포, 암세포, 심지어 자기 몸의 노화된 세포까지 제거한다. 자연살해세포에는 감염된 세포를 식별해 건강한 세포와 구별할 수 있게 해 주는 수용체가 있다. 이 수용체는 세포막에 있는 단백질 분자인데, 이 사진과 같은 고배율 주사전자현미경으로도 볼 수 없을 만큼 매우 작다.

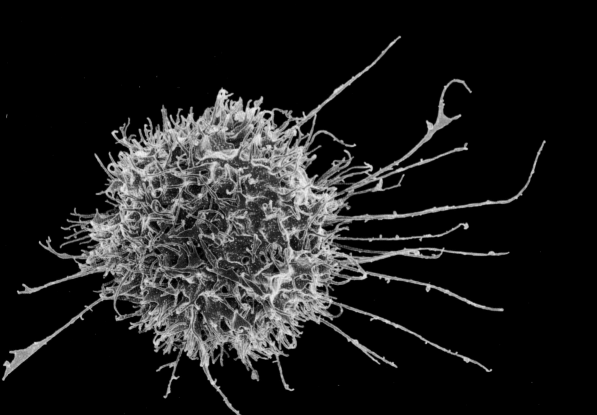

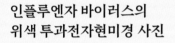

인플루엔자 바이러스의
위색 투과전자현미경 사진

미국 질병통제예방센터, 바이러스·리케차질병과,
2009년

인플루엔자(독감) 아형 H1N1 바이러스 입자를
투과전자현미경으로 관찰한 이미지로, 바이러
스 입자가 숙주 세포로 들어갈 수 있게 하는 스
파이크 단백질이 표면에 돌출한 모습을 확인할
수 있다. 주사전자현미경(SEM)에서는 표본을
전자빔으로 주사(scan, 스캔)할 때 이미지를 만들
어 내는 전자가 표본에 반사되어 흩어진다. (이
를 위해 표본을 금으로 얇게 코팅하기도 한다.) 이와
달리 투과전자현미경(TEM)에서는 전기장과 자
기장이 전자를 한곳으로 모으고 속도를 높여서
전자가 얇은 표본을 통과한다. 이렇게 생성된
이미지는 일종의 그림자 사진으로, 각 점은 해
당 지점에서 전자가 얼마나 쉽게 통과하는지를
나타낸다.

깊이 들여다보기: 우주에서 온 먼지

별똥별(유성)이 소리도 없이 하늘을 가로지르는 광경은 경이롭다. 유성이 내뿜는 밝은 빛은 유성체(우주 암석)가 지구 대기층으로 빠르게 진입하면서 가열되어 타오르는 것이다. 태양 주변 궤도에는 무수히 많은 유성체가 떠돌고 있다. 이들은 정의상 행성, 왜소행성, 소행성보다 훨씬 작으며, 지름 1m 정도부터 0.3mm의 작은 입자까지 크기가 다양하다.

우주를 떠돌다가 지구 대기를 통과하는 유성체를 운석이라고 한다. 극히 드물지만, 지구 대기로 진입할 때 강렬하게 타오르는 대형 운석은 심각한 피해를 일으킬 수 있다. 손에 쥘 만큼 자그마한 운석은 좀 더 흔하지만, 그마저도 쉽게 찾을 수 있는 건 아니다. 아주 작은 우주 암석은 미세유성체라고도 하며, 이 중 지구 대기를 통과하는 것을 미세운석이라고 부른다.

바다가 지구 표면의 3분의 2를 덮고 있다 보니, 지표에 도달하는 미세운석(일반적으로 운석 대부분이 미세운석이다)은 대체로 바다에 떨어진다. 그리고 육지에 도달하는 운석도 대개는 황무지에 떨어지지만, 일부는 지붕, 정원, 웅덩이 등 쉽게 찾을 수 있는 곳에 떨어지기도 한다. 고성능 광학현미경이나 전자현미경으로 미세운석을 들여다보면 다른 방법으로는 볼 수 없는 굉장한 디테일을 확인할 수 있다.

최근 몇 년 동안, 특히 도시 지역에서 미세운석 사냥이 인기 있는 취미로 자리 잡았다. 도시의 건물 옥상에 우주 먼지가 쌓이거나 경사진 지붕에서 홈통으로 씻겨 내려갈 수 있기 때문이다. 집시 재즈 기타리스트 출신 과학자 욘 라르센은 운석 탐색 기술을 개발하고 대중화하면서, 미세운석을 깊이 있게 연구하는 데 누구보다 많은 시간과 노력을 기울인 사람이다. 그의 2017년 저서 《스타더스트를 찾아서(*In Search of Stardust*)》에는 미세운석에 관한 풍부한 정보와 아름답고 흥미로운 현미경 사진이 실려 있다. 미세운석은 대부분 철이나 니켈을 함유하고 있어 자성을 띠므로 강력한 자석과 비닐봉지만 있으면 수집할 수 있다. 그런데 도시 지역에서 발견되는 작은 자성 입자는 대체로 건설업이나 제조업 같은 인간 활동으로 생성된 것이라는 연구 결과가 있다.[4] 반면 해양 퇴적물이나 외진 지역에서 발견되는 작은 자성 입자는 우주에서 왔을 가능성이 더 크다.

미세운석의 위색
주사전자현미경 사진
테드 킨스먼, 2018년

이 미세운석은 지름이 0.3mm이다. 거의 순수한 타이타늄 결정 주위에 철과 니켈이 매끄럽게 코팅되어 있다. 철과 니켈은 대기권 진입 과정에서 발생한 열에 녹았다가 녹는점이 더 높은 타이타늄 주변에서 응고되었다.

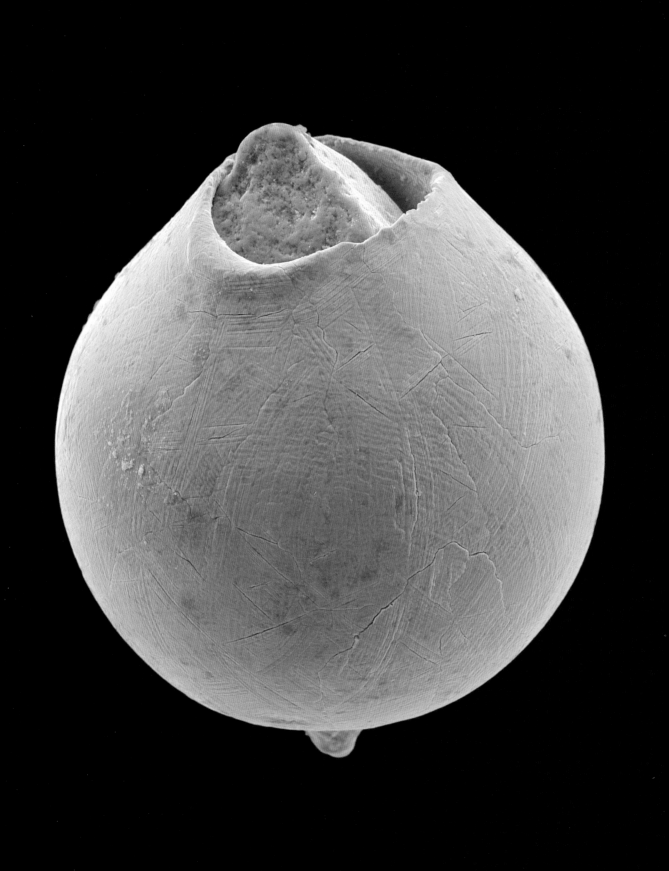

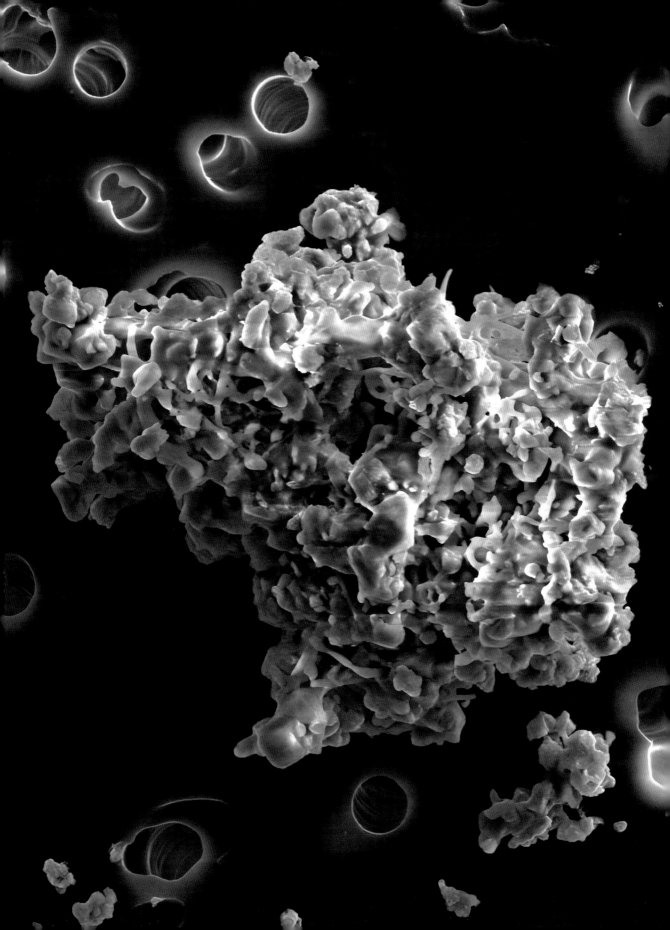

행성 간 먼지 입자의 주사전자현미경 사진

호프 이시이 박사, 하와이대학교
마노아캠퍼스, 2018년

왼쪽의 입자는 항공기에 장착된 집진기로 대기권 상층에서 수집한 먼지 입자 중 하나다. 지름이 0.005mm에 불과해 맨눈으로는 볼 수 없다. 하와이대학교 마노아캠퍼스 연구팀[7]은 이론으로 예측했던 '태양계 이전 먼지(presolar dust)'의 구성과 이 입자가 일치함을 확인했다. 즉, 우리 태양계가 형성된 이후로 이 입자가 어떤 방식으로도 변하지 않았다는 뜻이다.

미세유성체보다 작은 우주 입자(대부분 현미경 없이는 볼 수 없을 정도로 작다)를 우주 먼지라고 한다. 이러한 입자는 대기권에 들어와도 빛나는 유성이 되지 못한다. 미세한 입자는 큰 입자보다 열을 더 효율적으로 방출해서(표면적 대 부피 비율 때문) 발광에 필요한 온도에 도달하지 못하기 때문이다. 그래서 가열되어 증발하거나 녹아내리는 큰 입자들과 달리, 우주 먼지는 대부분 가열되지 않으며 지상으로 향하는 동안 화학적 변화도 겪지 않는다.

하루에 대략 수십에서 수백 톤에 이르는 우주 먼지가 대기로 들어오는데,[5] 그중 상당 부분은 너무 작아서 공중에 머무르다가 지상에서 바람을 타고 올라온 모래나 흙먼지와 섞이게 된다. 따라서 우주 먼지를 채취하려면 이러한 지상 입자들이 흔하지 않은 높은 고도에서 항공기로 낚아채는 것이 좋다.[6] 이렇게 얻은 표본으로 과학자들은 대기권을 벗어나지 않고도 우주 입자를 연구할 수 있다. 이는 우리 행성 바깥의 물질을 연구할 흔치 않은 기회다.

일부 우주 먼지는 소행성끼리 충돌하거나, 소행성이 달이나 다른 행성에 충돌하여 크레이터를 만들 때 생긴다. 그러나 대부분은 혜성이 태양 주위를 공전하며 우주를 여행할 때 남긴 파편에서 나온다. 혜성은 암석과 얼음(물 외에도 암모니아 등 다른 휘발성 화합물의 얼음이 섞여 있다)으로 이루어진 천체로, 45억 년 전에 태양계가 형성된 이래로 많은 혜성이 변하지 않은 상태로 남아 있다. 태양, 행성, 소행성, 혜성은 모두 성간 가스와 먼지 입자가 뒤섞인 거대한 분자 구름으로부터 형성되었다. 이 구름은 주로 태초부터 변함없이 존재해 온 수소와 헬륨으로 구성되어 있었다. 그리고 이 원시 가스와 섞여 있던 먼지는, 이전 세대 별들의 중심에서 만들어졌다가 그 별이 죽을 때 성간 매질로 배출된 무거운 원소로 이루어져 있었다.

바로 이 고체 알갱이들이 축적되어 행성과 그 위성, 왜소행성, 소행성, 혜성 등 우리 태양계의 고체 구성원이 되었다. 이후 그 구성 물질은 대부분 화학적·물리적으로 변화를 거쳤는데, 특히 복사(파동이나 입자의 형태로 에너지를 방출하는 현상)와 열이 강하게 미치는 태양계 중심 부근에서 변화가 컸다. 그러나 혜성은 대체로 태양에서 멀리 떨어진 곳에서 형성되었고, 일부는 태양계가 생기기 전에 만들어진 원시 상태의 먼지를 여전히 간직하고 있다.

가시 스펙트럼 너머의 세계

빛의 본질

빛은 전자기 복사선이다. 이것은 온 공간에 가득한 전자기장과 관련 있는 복사 에너지의 한 형태다. 전자기 복사선은 연못의 잔물결처럼 파동으로 이동하는데, 전기장과 자기장이 동시에 진동하며 퍼져 나간다. 물결파와 마찬가지로 전자기파도 파장(파동의 길이)과 주파수(진동수)로 특징지을 수 있다. 가령 스펙트럼*에서 우리 눈의 감도가 가장 높은 영역인 노란색 부분은 파장이 550nm이고 주파수는 5.45THz(테라헤르츠, 5.45THz=1초에 545조 번 진동)이다.

전자기 복사선은 광자(photon)라고 부르는 입자 상태로도 이동한다. 각 광자는 특정한 양의 에너지를 운반하는데, 광자의 에너지는 파장이 짧을수록 높다. 예컨대 청색광의 파장은 적색광 파장의 절반 정도인데(주파수는 2배), 광자의 에너지는 청색광이 적색광보다 2배 높다. 적색광의 광자가 운반하는 에너지는 약 2.8eV(전자볼트)로 매우 낮다. 식품 열량 1kcal에 해당하는 에너지를 전달하려면 이러한 광자가 거의 10^{24}개 필요하다. (광자와 음식의 에너지는 서로 관련이 있다. 식물의 엽록소 분자는 광자의 에너지를 흡수하여 먹이 사슬의 첫 번째 단계인 당을 만드는 데 사용한다. 햇볕이 좋은 날에는 무수히 많은 광자가 엽록소에 흡수된다.)

전자기파와 광자는 서로 다른 두 가지 복사선이 아니라, 하나이며 같은 것이다. 빛, 전자(p.20 참조) 등이 파동과 입자로 동시에 행동할 수 있다는 사실은 이미 입증되었다. (하지만 이는 깊은 역설을 동반하며 아직 완벽하게 이해되지 않은 문제이기도 하다.)

가시 스펙트럼을 넘어서

1800년, 천문학자 윌리엄 허셜은 스펙트럼의 빨간색 바로 너머에서 온도계의 눈금이 올라가는 것을 보고 눈에 보이지 않는 복사선이 있음을 알아차렸다. 허셜은 이것을 '열 광선'이라고 명명했으며, 오늘날 우리는 적외선이라고 부른다. 이듬해에 물리학자 요한 빌헬름 리터는 스펙트럼의 보라색 너머에서 염화은에 적신 종이를 변색시키는 보이지 않는 복사선을 발견했다. 그는 이것을 '탈 산화 광선'이라고 이름 지었고, 오늘날에는 자외선이라고 부른다.

수리물리학자 제임스 클러크 맥스웰은 이러한 복사선이 전기장과 자기장이 진동하며 퍼져 나가는 교란(disturbance) 현상임을 최초로 깨달았다. 1860년대에 그는 전기장과 자기장의 거동을 완벽히 설명하는 방정식을 수립했고, 이 방정식을 통합한 결과, 파동의 속도가 빛의 속도와 일치한다는 파동 방정식이 탄생했다. 이로써 가시광선, 적외선, 자외선보다 파장이 길거나 짧은 또 다른 복사선이 존재하리라는 것을 예측할 수 있었다.

실제로 전자기파 스펙트럼은 양방향으로 훨씬 더 넓게 확장된다. 자외선 너머에는 파장이 더 짧은 엑스선(1895년 발견)과 감마선(1900년 발견)이 있고, 적외선 너머에는 파장이 더 긴 마이크로파(1890년대 처음 생성)와 전파(1887년 생성)가 있다. 앞에서 말했듯 모든 전자기 복사선은 전기장과 자기장이 동시에 진동하며 퍼져 나가는 똑같은 현상이다. 유일한 차이점은 광자의 에너지, 즉 파장과 주파수다. 파장은 수십만 km(전파)에서 100억분의 1cm 미만(감마선)까지 분포하고, 각 광자가 운반하는 에너지는 가시광선 에너지의 1000조분의 1(전파)부터 100만 배(주파수가 가장 높은 감마선)까지로 매우 광범위하다.

보이지 않는 광선 탐지

전자기 복사선을 방출하는 자연 현상은 무수히 많다. 인간의 눈은 전자기파 스펙트럼의 극히 일부분인 가시광선만 감지할 수 있어서, 다른 복사선을 탐지하는 기술이 개발되기 전까지는 그 많은 신기한 현상들을 알아차리지 못했다. 이 같은 기술의 혜택을 가장 많이 받은 과학 분야는 아마도 천문학일 것이다. 가시광선을 전혀 방출하지 않는 수많은 천체를 전파망원경이나 적외선망원경을 통해서 발견할 수 있었으니 말이다(p.58~59 참조). 천체가 방출하는 복사선에는 그 천체의 구성 성분, 온도, 내부에서 어떤 에너지 과정이 일어나는지 등 중요한 정보를 밝힐 귀중한 데이터가 담겨 있다(2부 참조).

가시 스펙트럼을 넘어서는 전자기 복사선을 탐지하는 일도 물론 중요하지만, 그런 복사선을 이용해 다른 것을 볼 수도 있다. 특히 숨겨진 물체나 과정을 드러내 보이는 '탐지기'로 유용하다. 예를 들어 엑스선과 감마선은 투과율이 높아서 물체의 내부를 보는 데 사용할 수 있고(p.60 참조), 자외선을 어떤 물체에 비추면 형광 작용이 일어나 눈에 보이는 빛을 발하기도 한다. 형광은 미생물학에서 매우 중요한 도구다. 특정 과정이 일어나는 위치와 시간에만 정확한 색상으로 빛을 내는 형광 단백질은 세포 내부의 표지자(marker, 마커)로 꾸준히 이용되고 있다(p.64~69 참조).

---

* 전자기파를 파장의 길이에 따라 분류해 늘어놓은 띠를 전자기파 스펙트럼이라고 하며, 파장이 긴 영역부터
  전파(라디오파), 마이크로파, 적외선, 가시광선, 자외선, 엑스선, 감마선이라고 한다.

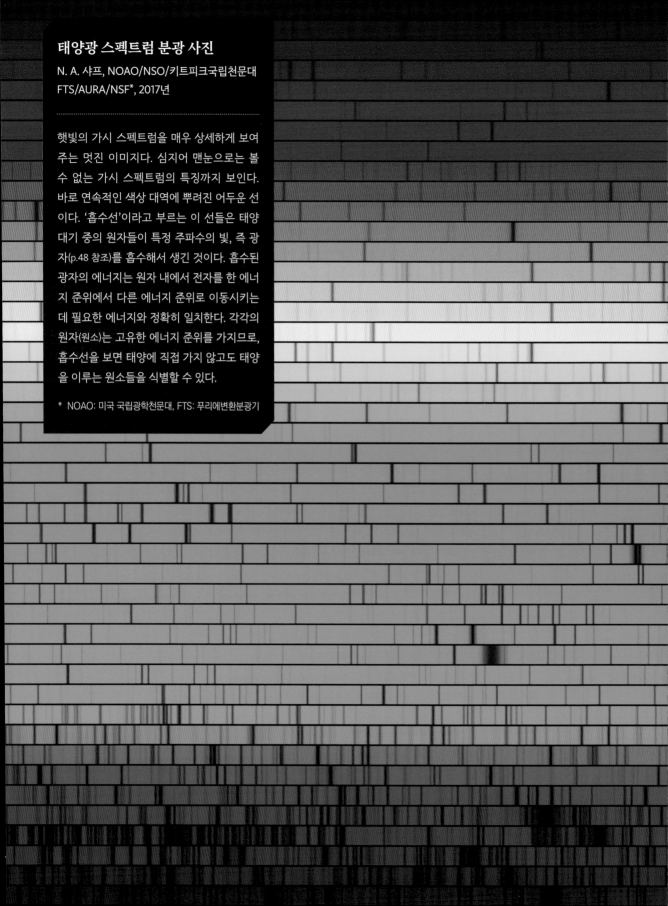

태양광 스펙트럼 분광 사진

N. A. 샤프, NOAO/NSO/키트피크국립천문대
FTS/AURA/NSF*, 2017년

햇빛의 가시 스펙트럼을 매우 상세하게 보여
주는 멋진 이미지다. 심지어 맨눈으로는 볼
수 없는 가시 스펙트럼의 특징까지 보인다.
바로 연속적인 색상 대역에 뿌려진 어두운 선
이다. '흡수선'이라고 부르는 이 선들은 태양
대기 중의 원자들이 특정 주파수의 빛, 즉 광
자(p.48 참조)를 흡수해서 생긴 것이다. 흡수된
광자의 에너지는 원자 내에서 전자를 한 에너
지 준위에서 다른 에너지 준위로 이동시키는
데 필요한 에너지와 정확히 일치한다. 각각의
원자(원소)는 고유한 에너지 준위를 가지므로,
흡수선을 보면 태양에 직접 가지 않고도 태양
을 이루는 원소들을 식별할 수 있다.

* NOAO: 미국 국립광학천문대, FTS: 푸리에변환분광기

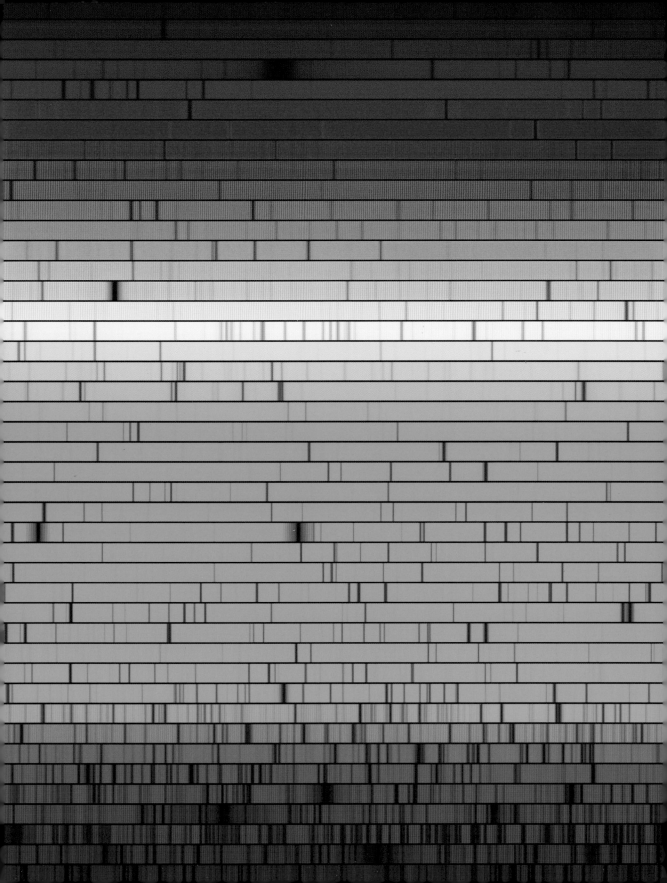

고해상도 태양 이미지

NASA의 과학시각화스튜디오, 2017년

태양을 고해상도로 담아낸 신비로운 사진으로, NASA의 태양활동관측위성(SDO)에 탑재한 태양대기권관측장비(AIA)로 촬영했다. 이 장비는 네 개의 망원경으로 구성되어 있으며, 각 망원경의 조리개(앞쪽의 개구부)에는 가시광선과 적외선을 차단하는 필터가 장착되어 있다. 망원경 안쪽에도 두 개의 필터가 휠에 부착되어 있는데, 각 필터는 특정 파장의 빛만 망원경의 초점면에 있는 이미지 센서로 투과시킨다.[8] 이 이미지는 극도로 높은 온도에서 철 이온이 방출하는 것으로 알려진 주파수의 자외선을 이용해 만들었다. 태양의 흑점 활동이 매우 두드러져 보인다.

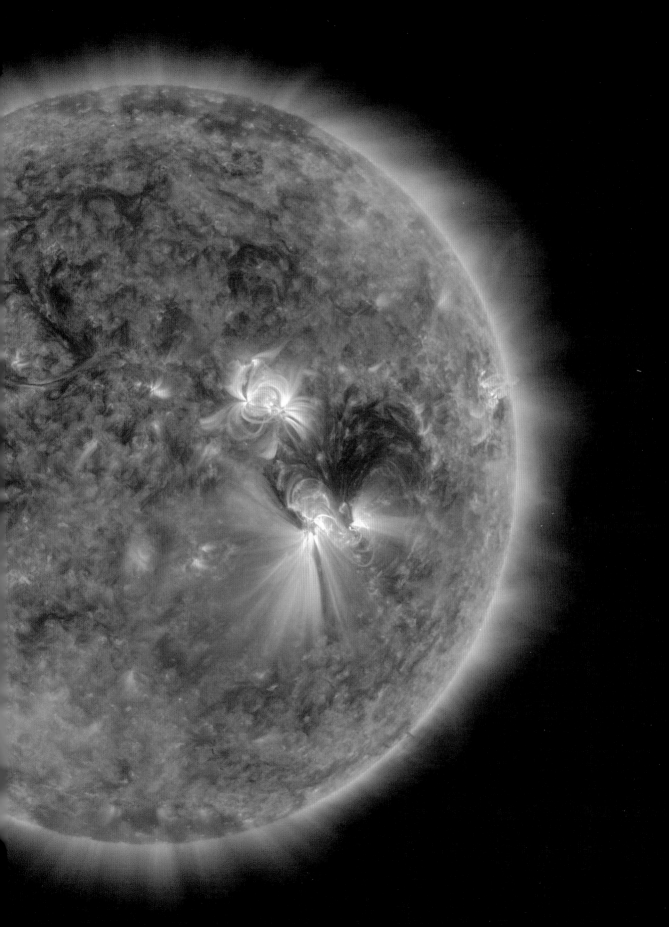

깊이 들여다보기: 다중 파장으로 관측한 우리은하

전파, 자외선, 엑스선, 감마선 등 눈에 보이지 않는 전자기 복사선의 가장 흥미로운 원천은 대부분 천체다. 우주에서 오는 복사선 중에서 전파와 장파장 마이크로파는 대기를 쉽게 통과하므로 전파망원경은 보통 지상에 설치한다. 그러나 전자기파 스펙트럼의 상당 부분을 차지하는 다른 파장의 복사선들은 부분적으로 또는 전부 대기에 흡수된다. 그러므로 적외선, 자외선, 엑스선, 감마선 및 단파장 마이크로파를 방출하는 천체들의 명료한 이미지와 정보를 얻으려면 망원경을 우주로 발사해야 한다. 54~56쪽 이미지들은 2009년부터 2013년까지 지구 궤도를 돌았던 유럽우주국(ESA)의 플랑크 위성이 우주에서 촬영한 것이다. 이 사진들에 담긴 장소는 모두 같다. 바로 은하수가 흐르는 전체 하늘(whole sky)*이다.

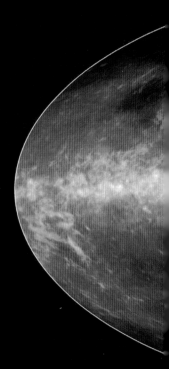

세계 어디에서든 맑고 깜깜한 밤하늘을 올려다보면 무수한 별들로 점철된 흐릿한 유백색 띠가 보인다. 이 우윳빛 강에는 어두운 별들이 수없이 모여 있지만, 그리 또렷하게 보이지는 않고 모두 하나로 어울려 희미한 빛을 내고 있다(p.12 참조). 하늘의 다른 부분보다 은하수라고 부르는 이 영역에 유독 별이 많은 이유는 우리가 우주의 특별한 위치에 살고 있기 때문이다. 우리는 수천억 개의 별들이 모여 있는 우리은하의 가장자리 근처에 살고 있다. 대도시 외곽에 사는 주민이 교외 쪽을 바라볼 때보다 도심 쪽을 바라볼 때 가로등 불빛이 더 많이 보이는 것과 같은 이치로, 우리가 은하 중앙과 반대되는 가장자리 쪽(마차부자리)을 바라보면 상대적으로 별이 적고, 은하의 중앙 쪽(궁수자리)을 바라보면 별빛이 더 많이 보인다. 그리고 우리은하는 지름 수십만 광년에 나선형 팔을 가진 불룩한 원반 모양을 하고 있는데, 그 나선형 팔 중 하나에 태양계가 자리 잡고 있다(p.262 참조). 이것이 은하수가 하늘을 가로지르는 띠 모양으로 보이는 이유다.

맨눈으로 보든 망원경으로 보든 우리는 별에서 나오는 가시광선만 볼 수 있다. 하지만 별은 가시광선 외에 다른 복사선도 방출하며, 우리은하에는 별 말고도 전파, 마이크로파, 적외선, 자외선, 엑스선, 감마선을 방출하는 다른 천체들이 무수히 많다.

* 전체 하늘은 평면이 아닌 구면(球面)이고, 이 이미지는 구면을 세계지도처럼 펼쳐서 타원형으로 만든 것이다.

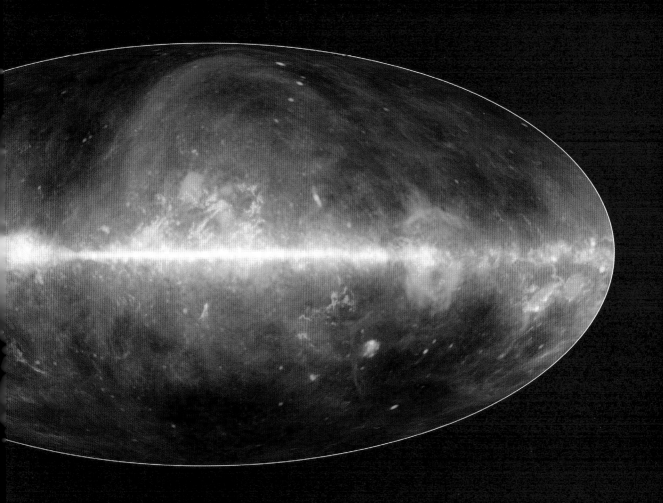

전체 하늘을 담은 합성 이미지

플랑크 위성, ESA, 2018년

전체 하늘을 담은 경이로운
이미지다. 은하수가 특히 눈에
띄는데, 맨눈으로 볼 때와는 상당히
다른 모습이다. 이 사진은 플랑크
위성에 탑재한 카메라가 촬영한
이미지 네 개를 합성한 것이다.
물론 색상은 가짜다. 카메라에
포착된 복사선은 우리 눈에
보이지 않으므로 색상이 없다.

뒷장(56쪽)의 사진은 각각 하나의
파장이나 좁은 범위의 파장에
해당하는 복사선을 포착해 만든
단색 이미지로, 밝기는 복사 강도를
나타낸다.

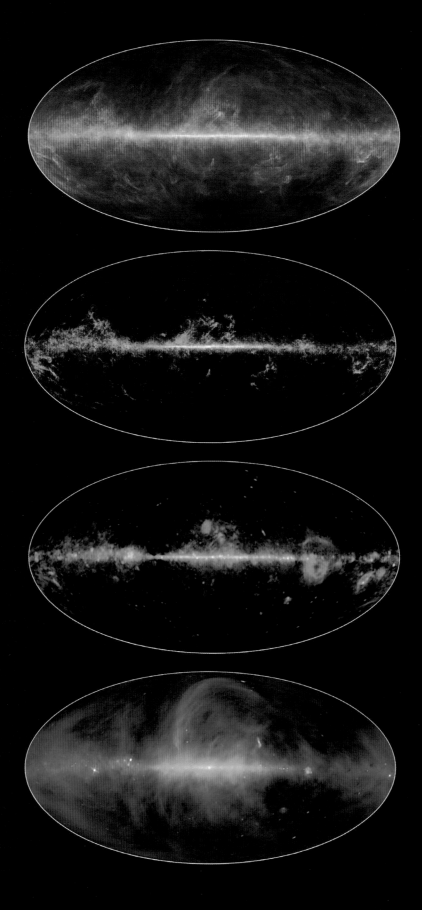

전체 하늘의
네 가지 위색 지도

플랑크 위성, ESA, 2018년

주홍색 이미지는 성간 먼지에서
방출된 적외선을, 노란색은
일산화탄소 분자가 방출한
마이크로파, 녹색은 플라스마
내의 양성자와 전자가 방출한
마이크로파, 파란색은 자기장에
의해 가속된 전자가 방출한
마이크로파를 탐지한 것이다.

왼쪽 사진들은 앞에서 본 합성 사진을 구성한 네 개의 개별 이미지다. 어떤 의미에서 이 이미지들은 플랑크 위성의 주요 임무에 따른 부산물이라 할 수 있다. 플랑크 위성의 주 임무는 빅뱅으로 인한 열의 '잔광'인 우주배경복사의 상세한 지도를 만드는 것이었다. 전체 하늘에 걸쳐 그러한 지도를 만들려면 우리은하 내의 방출원(천체)에서 나오는 장파장 복사선을 걸러 내야 했다.* 이에 따라 플랑크 위성에 탑재된 2대의 장비가 특정 주파수 범위를 탐지했는데, 하나는 장파장 마이크로파를, 다른 하나는 단파장 마이크로파와 적외선을 검출했다.

적외선은 흔히 열복사선이라고 한다. 모든 물체는 열복사선을 방출하고, 방출 강도와 스펙트럼은 온도에 따라 달라진다. (물체의 온도가 어느 정도 이상 높으면 열복사선의 스펙트럼이 가시광선 범위까지 확장되는데, 태양과 촛불이 빛나는 이유가 바로 이 때문이다.) 맨 위에 있는 주홍색 이미지는 하늘의 원적외선 지도로, 원래는 보이지 않는 매우 차가운(절대영도인 -273.15°C보다 20°C 정도 높다) 먼지에서 나오는 열복사선을 보여 준다. 성간 먼지는 우리은하 전체에 존재하며, 눈에 보이는 빛을 내지는 않지만 다른 물체에서 나오는 복사선을 차단할 수 있다. 한편, 가시광선과 달리 전파와 마이크로파는 먼지구름을 통과한다. 그래서 은하계에 매우 흔한 일산화탄소 분자가 방출하는 마이크로파는 밝은 이미지를 형성한다. 여기서는 노란색으로 표현했다. 보다시피 은하 전체에 고르게 퍼져 있는 먼지와 달리, 일산화탄소는 은하의 중심면을 따라 몰려 있다.

하전 입자로 구성된 고온 가스인 플라스마 역시 주로 은하 중심면을 따라 분포하는 것을 알 수 있다. 녹색 이미지는 거대한 별을 둘러싼 뜨거운 플라스마에서 양성자와 전자(각각 양전하와 음전하를 띤다)가 서로 마주칠 때 활동이 느려지면서 생성되는 마이크로파의 지도다. 마지막으로 파란색을 입힌 이미지는 초신성(에너지가 큰 별이 수명을 다해 격렬하게 폭발하는 것)과 같이 격렬한 활동으로 배출된 고속 전자들이 방출하는 마이크로파를 보여 준다. 다른 하전 입자와 마찬가지로 이러한 전자들은 속도가 빨라지거나 느려지거나 방향이 바뀌는 등 가속할 때만 복사선을 방출한다. 파란색으로 표시한 복사선은 빛의 속도에 가깝게 움직이는 전자들이 은하계의 자기장에 의해 나선형으로 회전할 때 생성되는 방사광(synchrotron radiation)이다.

ESA와 NASA 합동 플랑크 연구팀은 이러한 은하계 방출원(그리고 일부 은하계 외 방출원)에서 나온 복사선을 추출한 후, 우주배경복사의 초고해상도 전체 하늘 지도를 제작했다(p.110~111 참조). 이 지도는 우주의 기원을 설명하는 빅뱅 이론을 뒷받침하고 세밀하게 조정하는 역할을 할 것이다.

* 우주배경복사는 천체에서 나오는 복사선이 아니라, 빅뱅 후 원자가 탄생하기 전까지 우주를 채우고 있던 빛이 온 우주로 퍼져 나가고 있는 것으로, 복사선 중에서도 파장이 긴 마이크로파로 관측된다.

초대질량 블랙홀의 위색 이미지

국제 협력, 2019년

....

과학자 200여 명이 협업해 만든 이 기념비적인 사진은 최초의 블랙홀 이미지다. 블랙홀로 떨어지는 물질은 전자기파 스펙트럼 전체에 걸친 복사선을 생성한다. 2019년에 공개된 이 이미지는 2017년에 전 세계 8곳의 전파망원경으로 수집한 전파를 이용해 만들었다. 어두운 중심부는 블랙홀 자체이고, 둘레(부착원반)의 주홍색 부분은 전파의 강도를 나타내는 지도라 할 수 있다. M87 은하의 중심에 있는 이 블랙홀은 회전하면서 주홍색 고리 한쪽의 복사량을 크게 늘린다. 그래서 고리의 한쪽이 다른 쪽보다 더 밝게 보인다.

우라늄염의 방사능에 의해 흐릿해진 사진 건판

앙리 베크렐, 1903년

많은 물체가 가시광선과 함께 보이지 않는 다른 복사선도 방출한다. 1896년, 물리학자 앙리 베크렐은 우라늄이 풍부한 특정 광물이 인광 현상*으로 내뿜는 가시광선을 조사하던 중 그 광물이 보이지 않는 빛도 발산한다는 사실을 발견했다. 그 당시 베크렐은 몰랐지만, 이는 광물 내부의 우라늄 원자가 붕괴하면서 원자핵에서 아원자 입자와 고에너지 전자기파가 방출되는 현상이다. 이 입자(알파 입자)와 전자기파(감마선) 모두 사진 건판의 감광제에 영향을 주어 건판이 뿌옇게 변했다.

* 빛의 자극을 받아 빛을 내던 물질이 그 자극이 멎은 뒤에도 계속해서 빛을 내는 현상.

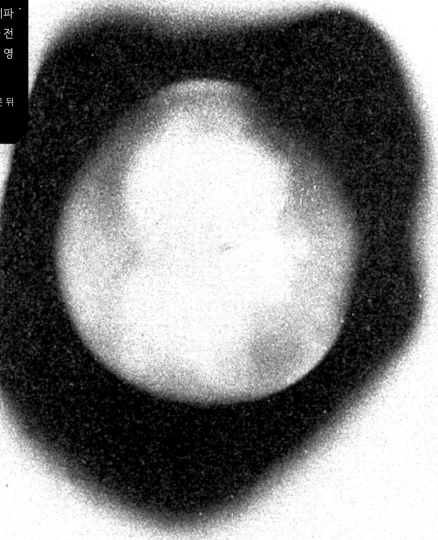

페루 미라의 위색
컴퓨터단층촬영 사진
샌디에이고 해군의료센터, 2011년

때로는 물체가 발산하는 전자기 복사선 자체
보다 복사선이 물체와 상호 작용하는 방식이
더 흥미로울 때가 있다. 엑스선 영상 기술을
예로 들 수 있는데, 이 기술은 엑스선이 어떤
물질을 다른 물질보다 더 쉽게 통과하는 성질
을 이용한다. 컴퓨터단층촬영(CT)을 할 때 방
사선사는 엑스선을 다양한 각도로 대상에 투
영하고 투과되는 복사선의 양을 측정한다. 컴
퓨터는 각 각도에서 측정한 값을 비교하여 대
상 내부의 밀도 변화를 계산한다. 이것을 재구
성하면 뼈와 다른 조직을 구별할 수 있다.

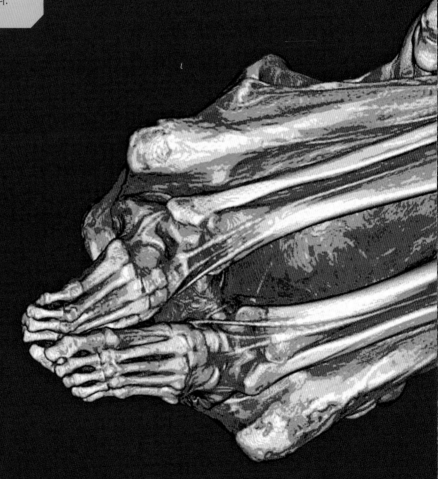

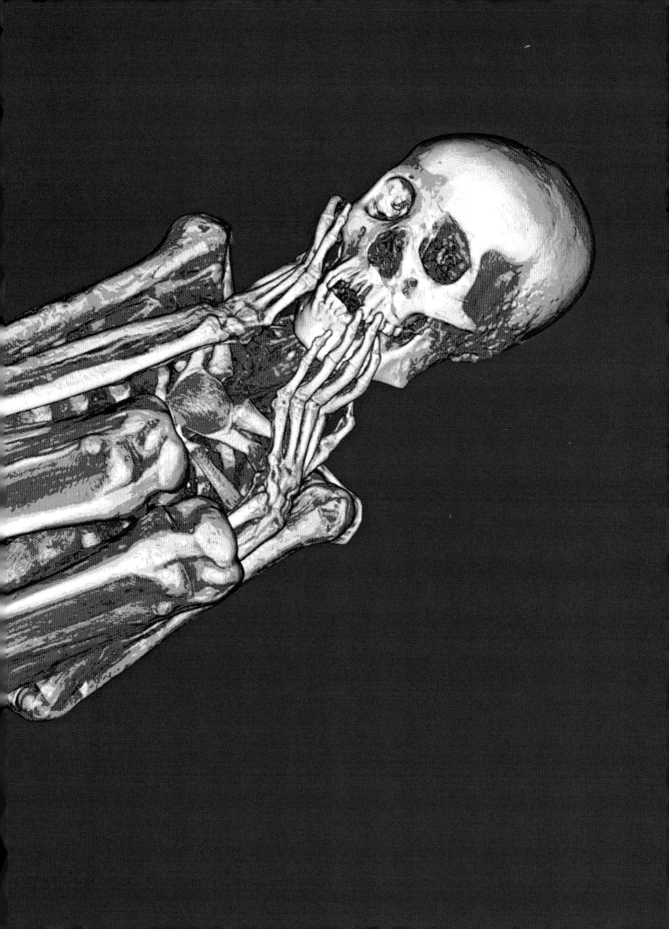

생쥐 포배의 형광 현미경 사진

제니 니콜스, 웰컴트러스트 줄기세포연구센터, 연도 미상

형광은 물질이 한 주파수의 전자기 복사선을 흡수하여 에너지가 높은 상태(들뜬상태, p.70 참조)가 되었다가, 다시 원래 상태로 돌아오면서 흡수한 것보다 조금 낮은 주파수의 전자기 복사선을 방출할 때 나타나는 현상이다. 보통 흡수하는 복사선은 (보이지 않는) 자외선이고, 형광으로 방출하는 복사선은 가시광선이다. (이것이 블랙 라이트* 아래에서 형광 메이크업이나 옷이 밝게 빛나는 이유다.) 형광 현미경을 사용할 때는 형광 염료로 표본을 염색하는 과정을 거치는데, 염료는 표본의 서로 다른 부분(가령 세포 내의 각기 다른 소기관)에 특이적으로 흡수된다. 이렇게 하면 이미지에서 대비 효과가 향상되고 특정 부분이 뚜렷하게 드러난다. 그런 다음 특정 주파수의 복사선(자외선 또는 가시광선)을 표본에 비추면 형광 염료가 있는 부분만 빛을 낸다. 결과적으로 배경도 검은색이 되어 대비가 더욱 좋아진다. 오른쪽 생쥐 포배(초기 배아) 이미지에서 형광 분홍색으로 염색된 것은 미분화(아직 특화되지 않은) 줄기세포의 핵 내부에 있는 Oct-4라는 단백질이다. 미분화 세포의 표지자인 나노그(Nanog)라는 단백질은 형광 녹색으로, 바깥쪽 세포의 핵은 형광 파란색으로 염색되어 있다.

---

* 형광 물질과 함께 사용하면 특수 효과를 만들어 낼 수 있는 자외선 빛.

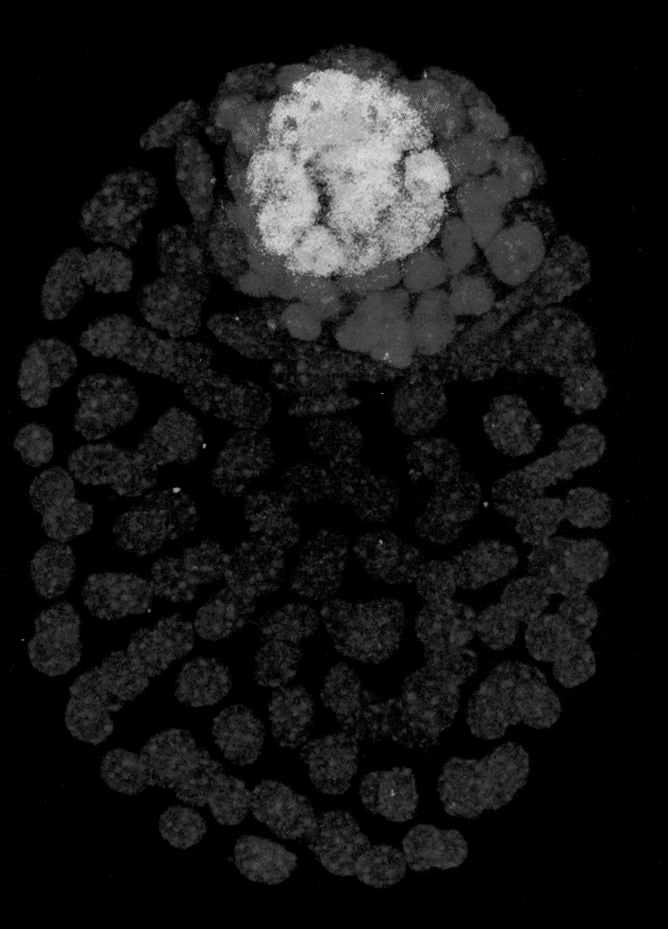

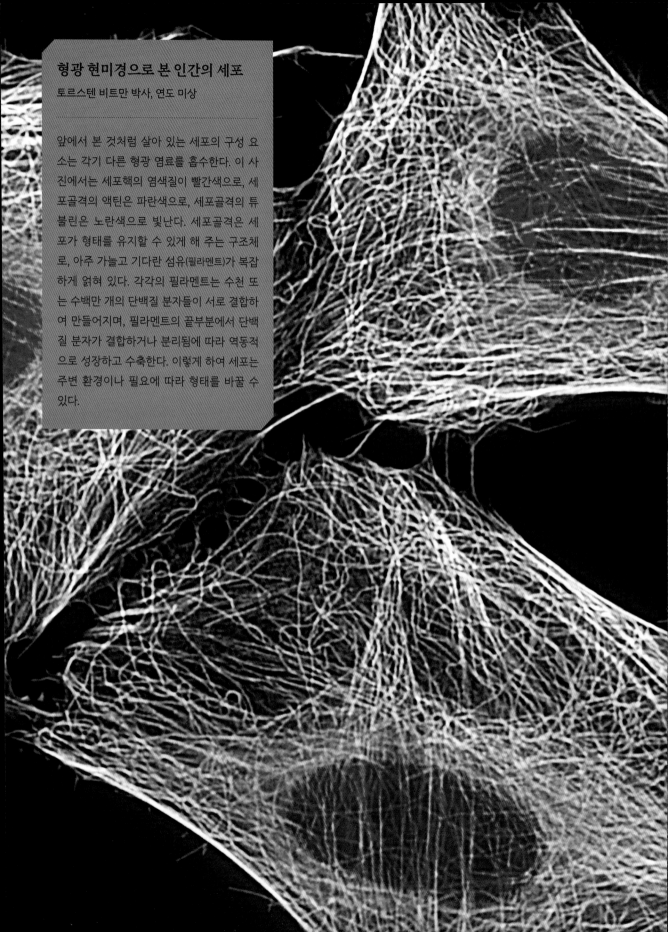

형광 현미경으로 본 인간의 세포

토르스텐 비트만 박사, 연도 미상

앞에서 본 것처럼 살아 있는 세포의 구성 요소는 각기 다른 형광 염료를 흡수한다. 이 사진에서는 세포핵의 염색질이 빨간색으로, 세포골격의 액틴은 파란색으로, 세포골격의 튜불린은 노란색으로 빛난다. 세포골격은 세포가 형태를 유지할 수 있게 해 주는 구조체로, 아주 가늘고 기다란 섬유(필라멘트)가 복잡하게 얽혀 있다. 각각의 필라멘트는 수천 또는 수백만 개의 단백질 분자들이 서로 결합하여 만들어지며, 필라멘트의 끝부분에서 단백질 분자가 결합하거나 분리됨에 따라 역동적으로 성장하고 수축한다. 이렇게 하여 세포는 주변 환경이나 필요에 따라 형태를 바꿀 수 있다.

유전자 변형 모기 유충의 형광 현미경 사진

하이티 파베스, 2010년

유전자 변형 모기(*Anopheles stephensi*) 유충의 몸에서 녹색 형광 단백질이 빛을 내고 있다. 이 단백질은 에퀘레아 빅토리아(*Aequorea victoria*)라는 해파리에서 처음 분리된 것으로, 세포분자유전학자들이 자주 이용한다. 일반적으로 연구는 관찰하려는 표적 유전자와 밀접한 유전체(genome, 게놈)에 녹색 형광 단백질을 만드는 유전자를 끼워 넣는다. 그러면 녹색 형광 단백질 유전자가 '리포터'가 되어 표적 유전자의 발현 상태를 알려 준다. 언제 어디서나 표적 유전자가 발현할 때 녹색 형광 단백질 유전자도 함께 발현해 형광 단백질을 생성하기 때문이다. 이를 통해 연구자들은 보이지 않는 유전자 발현 과정을 실시간으로 관찰할 수 있게 된다.

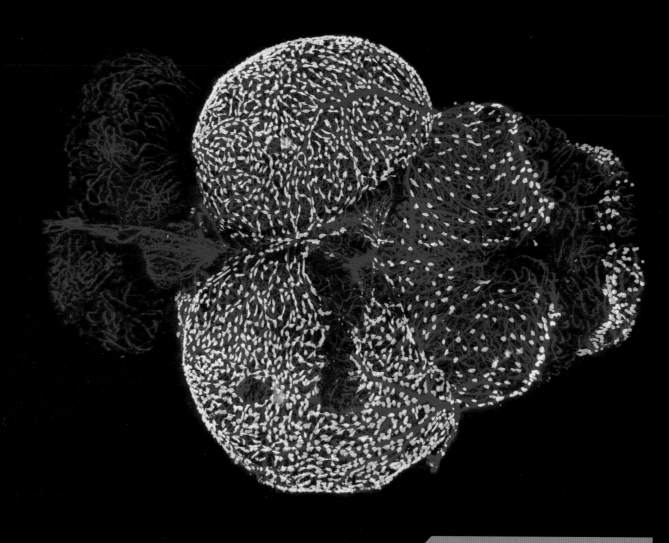

성체 제브라피시 뇌의
형광 현미경 사진

잉그리드 렉, 스티브 윌슨, 2015년

제브라피시(*Danio rerio*)의 뇌를 촘촘하게 채운 혈관망(빨간색) 위로 형광 과립 상피세포[9]라고 부르는 세포 집합체(연두색 형광)가 보인다. 이 세포들은 혈액-뇌장벽(뇌 조직과 혈액 사이에 있는 생리학적 장벽)의 혈관 근처에 자리 잡고 있으며, 혈액 속 독소나 미생물이 뇌로 침입하지 못하게 막아 준다. 형광 과립 상피세포는 지방 분해로 생성되는 천연 형광 화합물을 비롯해 세포 폐기물을 흡수하기도 한다.

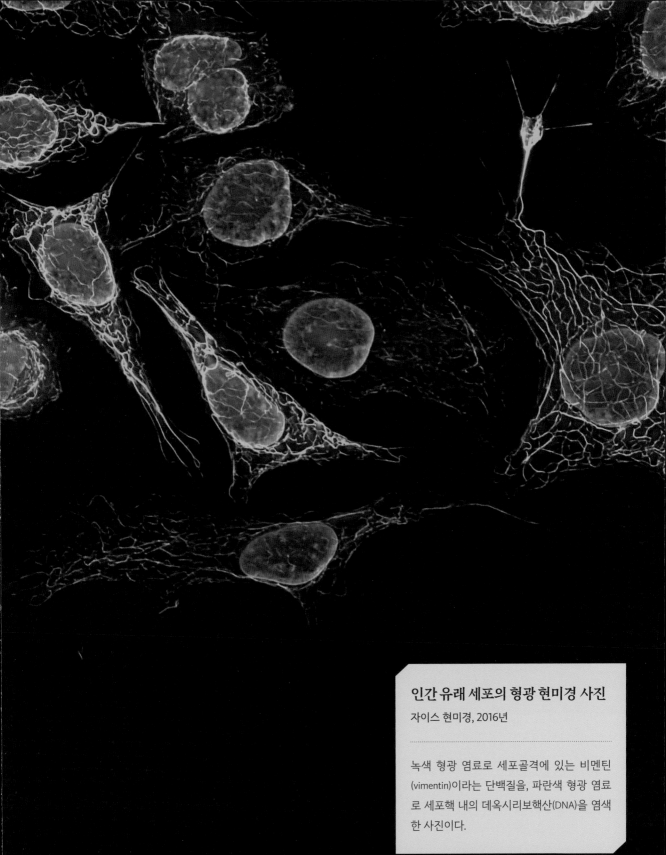

인간 유래 세포의 형광 현미경 사진

자이스 현미경, 2016년

녹색 형광 염료로 세포골격에 있는 비멘틴 (vimentin)이라는 단백질을, 파란색 형광 염료로 세포핵 내의 데옥시리보핵산(DNA)을 염색한 사진이다.

어디에나 있는 장과 입자

실존하는 장

1840년대에 마이클 패러데이가 창안한 장(p.11 참조)이라는 개념은 현대 물리학의 중심 주제가 되었다. 수학적으로 장은 단순히 밀도, 힘, 온도와 같이 특정한 양에 해당하는 값들의 집합으로, 그 양이 공간상에서 어떻게 변하는지를 나타내는 개념이다. 그러나 현대 물리학의 양대 기둥인 상대성이론과 양자역학은 장을 그저 수학적 개념이 아닌 물리적 실체의 기본 요소로 간주하도록 이끌었다. 양자장론에 따르면 실존하는 수십 개의 물리적 장(전기장, 자기장, 중력장 등)이 공간 전체를 가득 채우고 있으며, 이러한 장이 들뜬상태(여기상태)*가 되면 그것을 입자(양자)로 간주한다. 그러니까 광자는 전자기장의 양자이며, 전자는 전자장(electron field)의 양자다.

양자역학의 뿌리는 19세기 후반의 과학적 진보에서 찾을 수 있다. 특히 전자의 발견(1897년, p.72 참조)과 방사능의 발견(1899년, p.74 참조)이 큰 몫을 했다. 20세기 초반에는 (눈에 보이지 않을 정도로 작은) 원자 및 아원자 수준에서 일어나는 일련의 과정과 사물에 대한 이해가 급속도로 진전되었다. 이러한 발전은 장과 입자가 보이지 않는 상황에서 이론과 실험에 힘입어 이루어졌는데, 사진 건판 위에 나타난 우주선(cosmic ray)의 궤적(p.73 참조)과 거품 상자 내 입자의 궤적(p.74 참조)은 이 분야의 발전을 촉진하는 데 결정적인 역할을 했다.

원자를 보다

광학현미경은 물론이고 전자현미경(p.20 참조)의 해상도로도 전자, 원자, 분자는 직접 볼 수 없다. 수십 년 동안 과학자들은 이 같은 한계에 부딪혀 체념하고 있었다. 그런데 1980년대에 IBM 연구소의 과학자들이 원자 표면의 이미지를 상세하게 만들어 내는 혁신적인 도구를 발명했다. 바로 게르트 비니히와 하인리히 로러의 발명품인 주사터널현미경(STM)이다. 주사터널현미경은 끝이 매우 뾰족한 탐침으로 물질 표면을 훑으면서 터널링(tunneling, 전자가 파동성을 띠며 물질을 통과하는 현상)을 일으키는 전류의 변화를 기록하여, 이 데이터를 이용해 물질 표면의 미세한 기복을 알아내는 현미경이다.

주사터널현미경을 시작으로 이렇게 탐침을 이용하는 현미경(주사탐침현미경)이 여러 종류 개발되어 더 다양한 물질을 시각화할 수 있게 됐다. 어떻게 보면 주사탐침현미경은 1부에 어울리지 않는다. 이 현미경이 보여 주는 이미지는 데이터를 바탕으로 컴퓨터에서 재구성되었기 때문이다. 각 데이터는 물질 표면의 한 점에서 탐침과 원자 사이에 작용하는 힘, 또는 탐침과의 거리를 나타내는 숫자다. 이렇게 데이터를 모아 만들어 내는 이미지는 2부에서 폭넓게 소개할 것이다. 아울러 2부에서는 데이터 시각화의 중요성도 알아본다.

---

* 양자역학적 상태 중 에너지가 안정된 '바닥상태'에 비해 외부 자극으로 인하여 에너지가 높아진 상태.

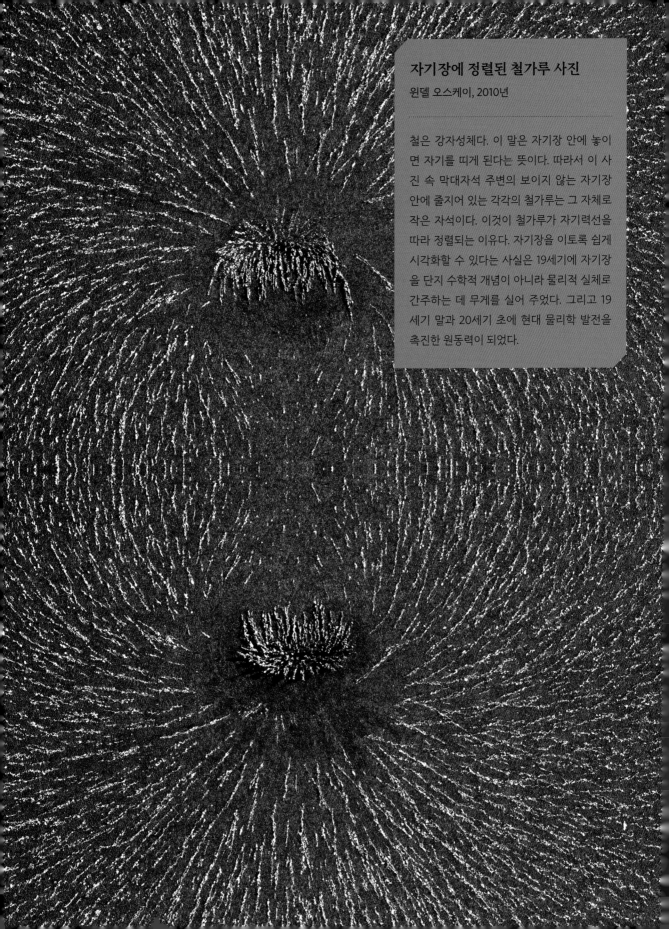

자기장에 정렬된 철가루 사진
윈델 오스케이, 2010년

철은 강자성체다. 이 말은 자기장 안에 놓이면 자기를 띠게 된다는 뜻이다. 따라서 이 사진 속 막대자석 주변의 보이지 않는 자기장 안에 줄지어 있는 각각의 철가루는 그 자체로 작은 자석이다. 이것이 철가루가 자기력선을 따라 정렬되는 이유다. 자기장을 이토록 쉽게 시각화할 수 있다는 사실은 19세기에 자기장을 단지 수학적 개념이 아니라 물리적 실체로 간주하는 데 무게를 실어 주었다. 그리고 19세기 말과 20세기 초에 현대 물리학 발전을 촉진한 원동력이 되었다.

음극선관 사진

앤드루 라머트, 연도 미상

이 사진은 음극선관 내 전자의 궤적을 포착한 것이다. 음극선관 내에서는 보이지 않는 광선들이 음극(⊖단자, 흰색으로 빛나는 부분)에서 양극(⊕단자, 몰타 십자가) 쪽으로 날아간다. (진공관의 음극 쪽에서 방전이 일어나기 때문에 이 광선에 음극선이라는 이름이 붙었다.) 일부는 목표물을 놓치고 인광 스크린에 부딪혀 그곳의 인광 물질을 녹색으로 발광시킨다. 물리학자들은 1860년대부터 음극선을 연구하기 시작했고, 1897년에 조지프 존 톰슨은 음극선이 원자보다 가벼운 입자들의 흐름임을 알아냈다. 이처럼 음전하를 띤 보이지 않는 입자가 존재한다는 사실은 원자 구조를 이해하려는 탐구에 활력을 불어넣었다. 그 탐구 결과 중 하나가 양자역학이며, 이 새로운 학문은 전자가 개별 입자이면서 장의 파동이라는 것을 증명했다.

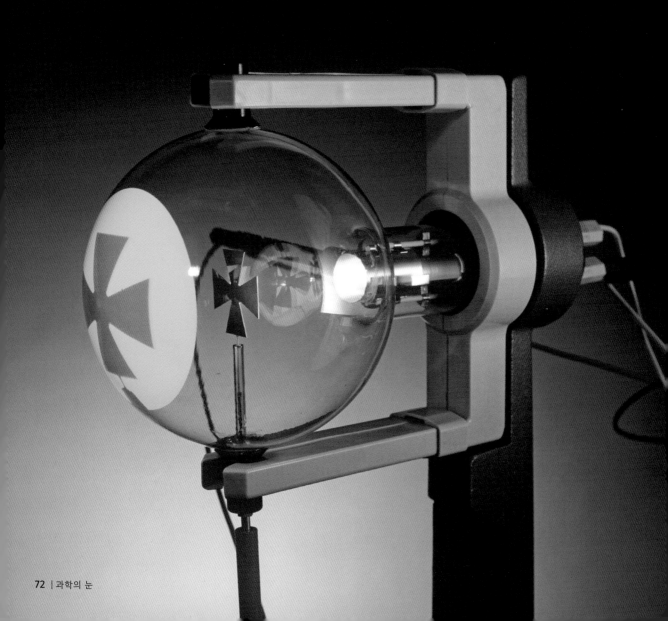

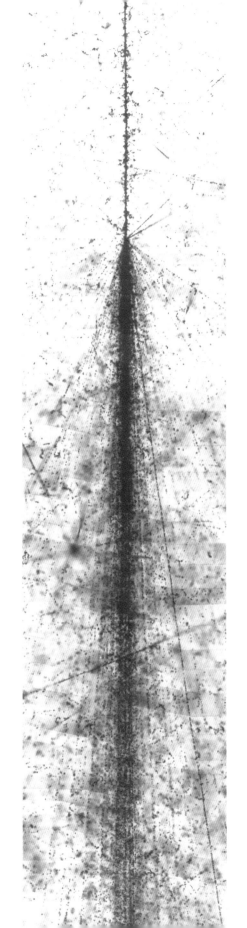

사진 감광제에 포착된 우주선 충돌
P. 파울러 교수, 1940년대

20세기 초에 물리학자들을 당혹게 했던 현상 중 하나는 고도가 높아질수록 지구의 대기가 점점 더 이온화(전하를 띠게 됨)되는 것이었다. 1920년대에 이르러 그 이유가 우주에서 오는 전하를 띤 입자, 즉 우주선(cosmic ray) 때문임을 알게 됐다. 1940년대에는 상층 대기권으로 올려보낸 사진 감광제에 이러한 보이지 않는 입자들의 궤적이 포착됐다. 우주에서 온 고에너지 철 원자핵이 사진 감광제 속의 원자핵과 충돌해 중간자(meson, 메손)라는 2차 입자들을 방출한 흔적이 이 사진에 담겨 있다.

거품 상자 사진

패트릭 블래킷, 1920년대

19세기 말, 전자와 방사능을 발견함에 따라 원자와 아원자에 관한 모든 것이 관심의 대상이 되었다. 방사성 물질에서 방출되는 방사선 가운데 대표적인 세 가지가 알파·베타·감마인데, 알파와 베타는 전하를 띤 입자이고 감마는 전자기파다. 이 사진의 하얀 선들은 방사선 원천(사진 아래쪽, 입자가 나오는 부분)에서 나온 보이지 않는 알파 입자들이 거품 상자*에 담긴 액체 헬륨을 통과하면서 만든 궤적이다. 알파 입자 중 하나가 질량이 같은 헬륨 원자핵에 부딪혀 두 입자가 서로 직각으로 튕겨나간 것을 알 수 있다. (여기서는 사진을 찍은 각도로 인해 90°보다 약간 작게 보인다.)

* 방사선 검출 장치의 하나. 전기를 띤 입자가 특정 액체 속으로 통과할 때, 이온화 작용으로 거품이 생기는 것을 이용하여 방사선의 경로를 검출한다.

전자 '나무' 사진
포착된 번개, 연도 미상

이것은 보이지 않는 전자를 시각화하는(적어도 전자의 존재와 거동을 확인할 수 있는) 또 하나의 방법이다. 이 전자 나무는 가로와 세로가 각각 15cm이고 두께가 2.5cm인 플라스틱 블록 안에 들어 있다. 고에너지 전자빔을 블록 안으로 약간 침투시키고 멈추면 전자가 그곳에 축적되고, 전자들 간의 전기적 반발력이 서로를 밀어내기 시작한다. 이때 블록을 금속 펀치로 가볍게 두드리면 그 반발력으로 전자들이 번개처럼 튀어나와 플라스틱에 얼어붙는 궤적 패턴을 남긴다. 이 사진은 궤적 패턴에 파란색 빛을 비춘 것이다.

주사터널현미경으로 본 금 표면의 위색 이미지

어윈 러슨, 2006년

양자역학의 발전과 함께 원자에 관한 많은 부분을 이해하게 되었지만, 안타깝게도 원자 자체는 1980년대까지도 보이지 않았다. 너무 작아서 빛을 이용한 현미경으로는 볼 수 없었던 금 원자 하나하나가 놀랍게도 이 이미지에서 명확하게 보인다. (엄밀히 말하면 결정 내에서 일부 전자가 자유롭게 움직이므로 금 이온이다.) 이 이미지는 주사터널현미경으로 얻은 데이터를 기반으로 만든 것이다. 우선 매우 뾰족한 탐침으로 금 표면을 스캔하면서 탐침과 원자 사이의 힘을 기록하고 탐침의 높이를 조정하면서 데이터를 생성한다. 그 후 컴퓨터가 탐침의 높이 변화를 기반으로 이미지를 구성했다.

원자힘현미경으로 본
단일 분자의 위색 이미지

IBM 연구원, 산티아고데콤포스텔라대학교의
생화학·분자재료연구센터와 협력, 2016년

1985년에 발명된 원자힘현미경(AFM)은 주사
터널현미경(p.70 참조)에 이어 두 번째로 등장
한 주사탐침현미경이다. 원자힘현미경은 탐
침과 시료 사이에 작용하는 힘을 측정해 표면
이미지를 생성할 뿐 아니라, 개별 원자를 조
작하는 데도 사용할 수 있다. 연구팀은 원자
힘현미경과 주사터널현미경을 결합하여 단
일 분자를 조작해 반응을 유도하는 데 성공했
다.[10] 먼저, 연구자들은 탐침을 사용해 사진
에 보이는 9,10-디브로모안트라센($C_{14}H_8Br_2$) 분
자에서 두 개의 브로민(Br) 원자(위쪽과 아래쪽
의 밝은 점)를 제거했다. 그 결과로 얻은 분자에
탐침으로 추가 조작을 하니 사슬 모양과 고리
모양의 두 상태를 오갈 수 있었다.*

*

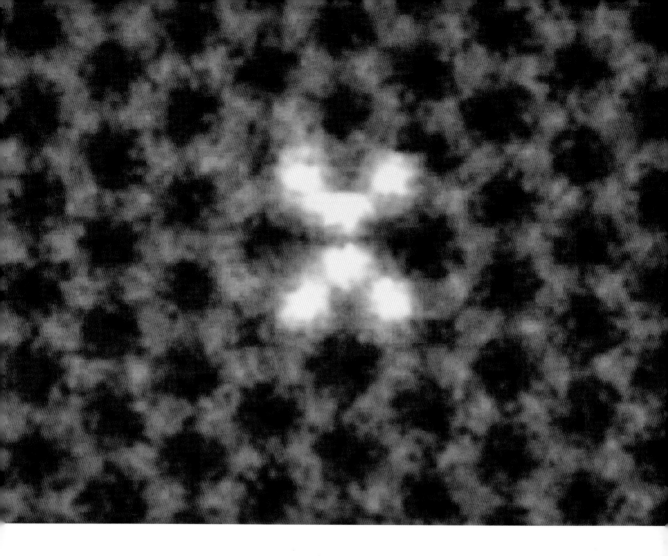

주사투과전자현미경으로 본
그래핀 위의 규소 원자 이미지

오크리지국립연구소, 나노재료과학센터, 2018년

주사투과전자현미경(STEM)은 매우 집중적인 전자빔을 생성하여 아주 작은 범위를 극도로 정밀하게 스캔할 수 있는 전통적인 투과전자현미경(p.43 참조)이다. 물리학자들은 1990년 대 후반부터 주사투과전자현미경을 사용하여 원자 수준의 이미지를 생성해 왔다. 그래핀(위 이미지에서 갈색)은 순수하게 탄소로 이루어진 물질 중 하나로, 탄소 원자들이 육각형을 이루며 원자 한 개의 두께로 배열되어 있다. 그 위에 규소 원자(노란색)가 있어도 전자빔이 통과하여 이렇게 놀라운 이미지를 생성할 수 있을 정도로 매우 얇다.

여기 보이는 홀뮴 원자는 개별 원자에 데이터를 저장하기 위한 연구에 사용되었다.[11] 모든 원자는 자기장과 관련 있는 물리량(스핀)을 가지고 있는데, 스핀은 ⊕ 또는 ⊖ 상태일 수 있다. 또한 이 이미지를 촬영한 주사터널현미경은 자기장 방향을 앞뒤로 뒤집는 미세한 전기 펄스를 전달하는 기능이 있었다. 자기장 방향에 따른 원자의 두 가지 상태는 컴퓨팅의 가장 기본적인 정보 단위인 비트(bit), 즉 0과 1에 해당한다. 따라서 이런 성질은 컴퓨팅에 적용하기에 이상적이다. 데이터를 개별 원자에 저장할 수 있다는 사실은 컴퓨팅의 혁명과도 같은 양자 컴퓨팅에 이 시스템을 활용할 수 있음을 의미한다.

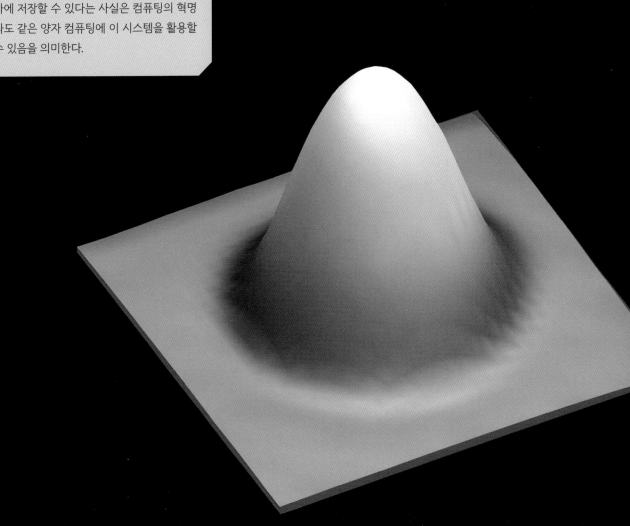

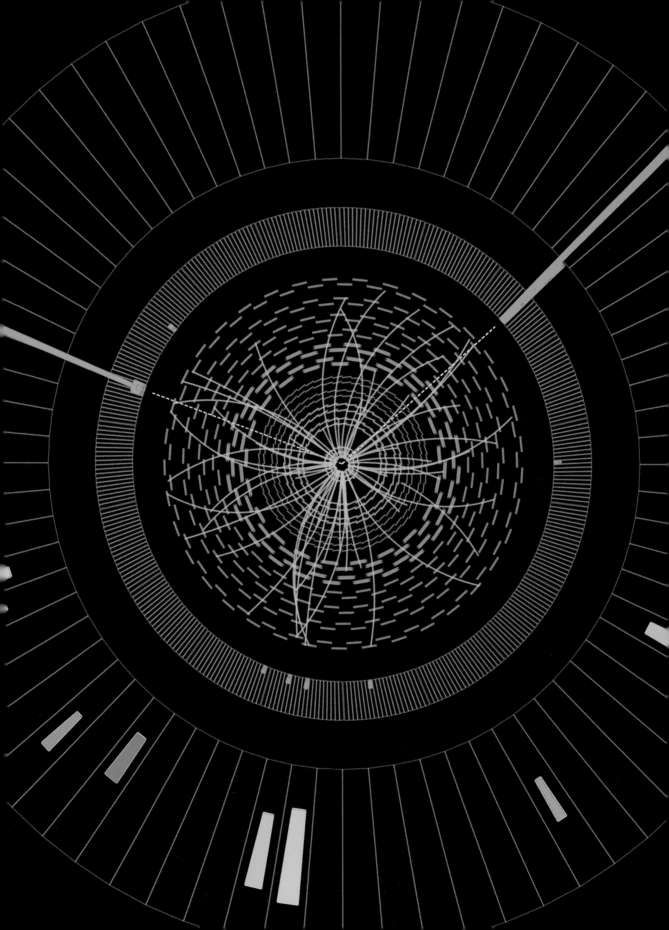

2부 │ 데이터, 정보, 지식 그리고 시각화

'과학'을 뜻하는 영어 단어 science는 '지식'을 의미하는 라틴어 *scientia*에서 유래했다. 과학은 우리가 사는 세계에 대한 지식을 탐구하는 학문이다. 현대 과학에서 지식은 믿음이나 상식으로 얻는 것이 아니다. 지식은 가설을 세우고 검증함으로써 얻을 수 있다. 가설을 세우기 위해서는 '정보'가 필요하고, 정보를 생산하려면 (그리고 가설을 검증하기 위해서도) '데이터'가 필요하다. 이렇게 단계적인 구조 맨 위에 '지혜'를 추가한 것을 '데이터-정보-지식-지혜(DIKW) 피라미드'라고 한다. 과학에서 지혜는 선택 사항이지만, 대개의 경우 꼭 필요하다. 2부에서는 데이터를 이해하고, 정보를 전달하고, 지식을 전수하는 데 시각화가 얼마나 중요한지 살펴본다.

힉스 입자의 붕괴
CMS, CERN, 2012년

CMS는 Compact Muon Solenoid(압축 뮤온 솔레노이드)의 머리글자를 딴 이름으로, 스위스와 프랑스 국경에 자리 잡은 유럽입자물리학연구소(CERN)의 대형강입자충돌기(LHC) 내에 있는 검출기다(p.104~105 참조). 왼쪽 이미지는 아원자 입자의 에너지와 운동량을 측정하는 여러 기기에서 수집한 데이터를 바탕으로 컴퓨터에서 만들어졌다. 실험으로 얻은 데이터는 입자물리학의 가설을 지지하거나 반박하는 데 도움이 될 수 있으며, 그 과정에서 데이터를 시각화하는 일이 매우 중요한 역할을 한다.

데이터 시각화, 복잡한 수치를 이미지로

데이터로 검증하라

과학 이외에도 데이터가 중요한 역할을 하는 분야가 있다. 정치와 비즈니스가 대표적인 예다. 이 분야에서도 데이터를 이해하고 그것을 다른 사람들에게 전달하려면 시각화가 매우 중요하다. 과학에서 데이터는 거리, 속도, 전하 또는 시간의 측정값, 동물 행동의 관찰 기록, 별의 색상 등 여러 가지 형태로 생성된다. 데이터의 중요한 용도 중 하나는 참고할 만한 데이터베이스(다양한 물질의 녹는점과 끓는점, 하늘에서 은하의 위치, 생태계 특정 종의 개체 수 기록 등)를 만드는 것이다(p.94 참조).

과학자들은 현실 세계의 특징을 설명하고 예측하기 위해 이론을 세우는데, 실제 데이터를 수집하고 분석하여 이론의 기반을 이루는 가설들을 엄격하게 검증해야 한다. 오늘날에는 이런 과정이 당연해 보이지만, 400여 년 전까지만 해도 지금 우리가 과학자라고 생각하는 사람들, 그러니까 세계가 어떻게 작동하고 무엇으로 이루어져 있는지 알고 싶어 한 사람들은 관찰 데이터보다 논리, 상식, 심지어 확신에 찬 추측에 의존해 사고를 펼쳤다. 고대 철학자 아리스토텔레스가 이러한 접근 방식을 전형적으로 보여 준다. 그는 물리학, 화학, 생물학, 천문학, 기상학, 지질학 등에 관해 많은 책을 썼지만, 자신이 개발한 순수 논리 체계를 이용하여 이론을 만들었다. 현대의 과학자들이 의무적으로 해야 하는 실험적 검증을 그는 하지 않았다. 아리스토텔레스의 논리 체계와 이론은 수 세기 동안 통용되었다. 물론 예전의 과학자들도 실제 조사를 수행하긴 했지만, 조사에서 얻은 데이터를 체계적으로 이용하여 가설을 검증한 과학자는 아무도 없었다. 그 결과, 지식 체계는 독단에 사로잡혀 매우 느리게 변화했으며, 필연적으로 새로운 지식이 발견되었을 때 그간의 지식이 거짓으로 밝혀지곤 했다.

경험주의와 과학

현대의 과학적 방법은 16세기에 뿌리내리기 시작했으며, 경험주의 철학의 등장과 함께 발전했다. 경험주의는 세상에 대한 모든 지식이 경험에서 나온다는 믿음이다. 철학 용어로는 아포스테리오리(*a posteriori*), 즉 후천적 지식이라고 한다. 이와 반대되는 개념은 합리주의로, 지식의 일부 또는 전부를 자명한 진리와 이성에 의해서만 유도할 수 있다는 믿음이다. 아포스테리오리에 반대되는 선험적 지식을 철학에서는 아프리오리(*a priori*)라고 한다. 논리와 이성은 과학에서도 매우 중요하다. 특히 선험적 지식에 기초를 두면서도 증명이 필수인 수학에서는 더욱 그렇다. 과학에 경험적 접근법을 적용한 선구적 인물은 프랜시스 베이컨이다. 과학적 방법의 기초를 확립한 것으로 평가받는 베이컨은 1620년에 《노붐 오르가눔(*Novum Organum*)》을 출간해 아리스토텔레스의 학설을 단호하게 비판했다. 책의 제목은 '새로운 오르가논'이라는 뜻으로, 아리스토텔레스의 논리학에 관한 모든 저작을 통틀어 이르는 말인 오르가논(Organon)에 대항하는 의미를 담고 있다. 17~18세기에 경험주의와 합리주의 철학자들 간에 논쟁이 격렬해지는 동안, 경험 과학 자체는 점점 더 빠른 속도로 지식을 생산해 나갔다. 그리고 데이터가 중요한 역할을 하게 된 만큼, 이를 시각화하는 방법을 찾는 것이 점점 더 중요해졌다.

물론 과학자가 데이터를 따로 시각화할 필요가 없을 때도 있다. 그저 관찰만 하면 되는 실험도 있고, 엑스선결정학(p.85 참조)과 지진계(p.86 참조)처럼 데이터가 곧장 시각적으로 출력되는 기기도 있다. 그러나 대다수 과학 분야에서 수행하는 실험은 시각화 없이는 알아보기 어려운 수많은 측정값을 생성한다. 가령 하나의 실험에서 수천 개의 온도 측정값, 수백 마리의 나방 애벌레 무게, 수십 장의 꽃잎 길이, 용액에 녹은 여러 용매의 질량 등 방대한 데이터가 나올 수 있다. 오늘날 거의 모든 과학 논문에는 데이터를 해석한 이미지를 함께 싣는다.

데카르트 좌표계

데이터 시각화에 가장 흔하게 사용되는 도구는 데카르트 좌표계다. 직교 좌표계라고도 하며, 서로 직각을 이루는 두 개 이상의 축으로 정의된 공간에 데이터가 좌표로 표시된다. 이 좌표계는 프랜시스 베이컨과 동시대 인물인 르네 데카르트가 고안한 것인데, 아이러니하게도 데카르트는 과학에 접근하는 방식에 있어서 굉장한 합리주의자였다. 전하는 이야기에 따르면, 데카르트가 침대 위 천장에 붙어 있는 파리를 보면서 파리의 위치를 어떻게 표현할 수 있을지 고민하다가 이 좌표계를 생각해 냈다고 한다. 천장의 한쪽 모퉁이를 고정된 기준점(원점)으로 사용할 수 있음을 깨달은 것이다. 실제로 데카르트 좌표로 데이터를 표시하면 비전문가도 즉시 이해할 수 있다. 아마도 데카르트 축을 사용하여 데이터를 시각화한 최초의 과학자는 에드먼드 핼리일 것이다. 그는 1688년에 다양한 고도에서 측정한 대기압을 선그래프로 나타냈다.[1] 하지만 선그래프가 과학 및 다른 분야에서 널리 사용되기 시작한 것은 18세기 엔지니어 윌리엄 플레이페어가 여러 종류의 도표를 개발한 뒤부터였다(p.116 참조).

데카르트 좌표계에서 두 변수를 각각 다른 축에 표시하면 두 값 간의 상관관계를 강조하는 '이변량 도표'를 만들 수 있고(p.96 참조), 한 축을 시간으로 표시하면 특정 값이 시간에 따라 어떻게 변하는지를 명확하게 보여 줄 수 있다(p.98~99 참조). 데이터를 그래프로 표시할 때 오차 범위를 보여 주는 것도 가능한데(실제로 필요할 때가 많다), 이는 측정값이 완벽하게 정확하거나 전적으로 신뢰할 수 없다는 점을 설명하기 위한 것이다(p.94~95 참조). 한편, 데카르트 좌표계는 세 개 이상의 축으로 구성할 수도 있지만 그러면 시각화하기는 어려울 수 있다. 변수가 두 개 이상일 때 그것들 사이의 관계를 보여 주는 한 가지 방법은 변수 중 하나에 각 값에 따른 색을 할당하는 것이다. 이 방법은 칙술루브 운석공 지도(p.112 참조)와 돌고래 울음소리를 시각화한 그래프(p.100 참조)에서 확인할 수 있다.

컴퓨터의 역할

질량분석기에서 자력계에 이르기까지 대다수 현대 과학 기기는 측정된 양을 반영하는 결괏값으로 '전압'을 생성한다. 그리고 생성된 결괏값은 보통 이진수(0과 1)의 흐름으로 기록되며 컴퓨터의 데이터베이스에 저장된다. 현대 과학이 방대한 데이터에 의존하는 만큼 컴퓨터의 역할은 점점 더 중요해지고 있다(p.102 참조). 컴퓨터는 데이터를 저장하는 것뿐 아니라 시각화하는 데도 유용하다. 거의 모든 분야의 과학자들이 데이터를 분석하는 데서 그치지 않고 동료 및 일반 대중과 공유하기 위해 명확하고 매력적인 시각 자료를 만드는 일을 일상적으로 하고 있다. 당연히 그 작업도 컴퓨터로 한다.

2부의 앞부분에 소개한 자료 중 일부는 본래 보이지 않는 것들을 시각화한 이미지나 지도이므로 1부에서 다루었어도 충분히 어울렸을 것이다. 예를 들어 110~111쪽에는 해상도가 점점 높아지는 우주배경복사 지도 세 개를 수록했는데, 모두 1부에서 소개한 우리은하의 다중 파장 이미지와 같은 방식으로 제작된 것이다(p.54~57 참조). 그러나 그 이미지들이 과학 기기(이 경우는 하늘의 작은 영역에서 오는 전파의 세기를 측정하는 기기인 복사계)에서 생성된 데이터를 토대로 만들어진 것임을 강조하고자 2부에서 다루었다. 무엇보다 우주배경복사 지도의 해상도가 놀랍도록 향상된 것은 수집된 데이터의 양이 그야말로 엄청나게 증가한 덕분이었다.

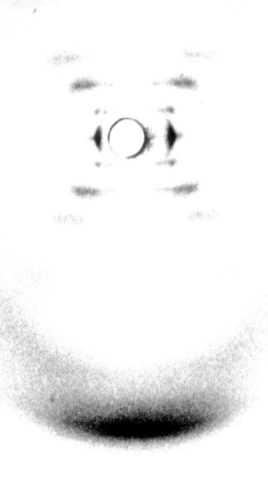

'51번 사진',
엑스선결정학으로 본 DNA

레이먼드 고슬링, 로절린드 프랭클린, 1952년

엑스선결정학은 데이터 자체가 시각적으로
드러나는 기술 중 하나다. 엑스선은 결정 안
에서 회절하는 성질이 있는데, 결정 속 원자
들 사이의 간격과 엑스선의 파장이 비슷하다.
따라서 엑스선이 원자 주변에서 회절해 (경로
가 휘어져서) 사진 건판에 도달하면 밝은 점과
선, 어두운 영역으로 이루어진 '간섭 패턴'이
생긴다. 결정학자들은 이 패턴을 보고 결정
속 원자의 배열을 파악한다. 이 사진에 보이
는 패턴은 DNA의 구조를 알아내는 데 중요
한 단서가 되었다(p.147 참조).

1906년 샌프란시스코 지진의 지진파형

1906년 4월 18일

지진계는 데이터를 시각적으로 생성하는 기기로, 지진파형을 이루는 선들은 기록기 아래 지면의 움직임과 직접 대응하는 닮은꼴(direct analogue)이다. 1870~1880년대에 여러 가지 현대식 지진계가 개발됐는데, 그중 하나는 엔지니어 제임스 유잉이 개발한 특이한 이중 진자 설계로, 네바다주 카슨시티에서 기록된 자료(오른쪽)에 보이는 것과 같이 어지러운 2차원의 펜 기록을 만들어 냈다. 아래 두 개의 지진파형은 그보다 친숙한 수평의 물결선으로 지면의 흔들림을 보여 주는 자료인데, 멀리 떨어진 뉴욕주 올버니(맨 아래)와 이집트 카이로에서 기록된 것이다. 지진학자들은 서로 다른 위치에서 지면이 움직인 시간과 진폭을 보고 지진파가 지각을 통해 어떻게 이동하는지 알아낸다.

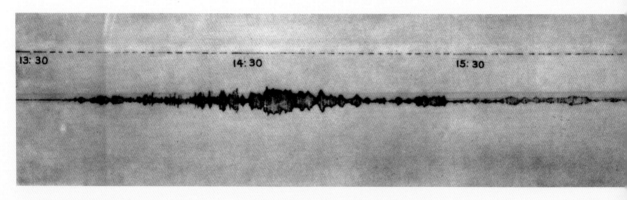

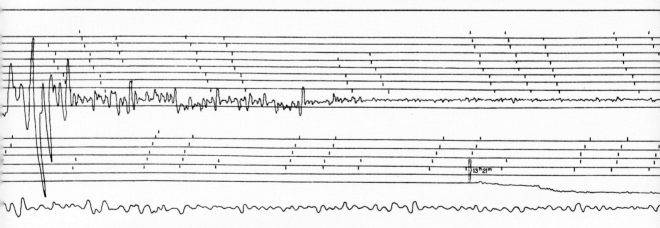

ALBANY, N. Y. Bosch-Omori Seismograph. (*From photographic copy.*) Correction to G. M. T.=+20ˢ.

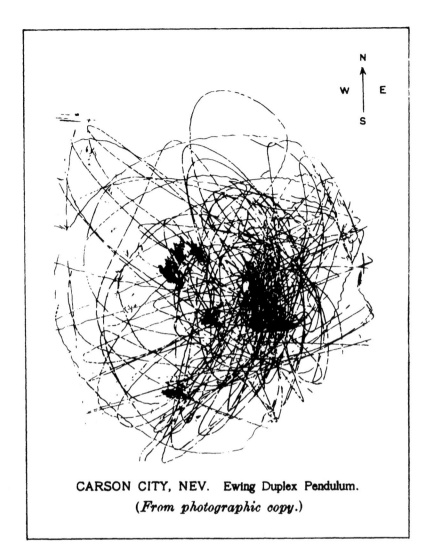

CARSON CITY, NEV. Ewing Duplex Pendulum.
(*From photographic copy.*)

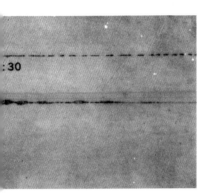

:30

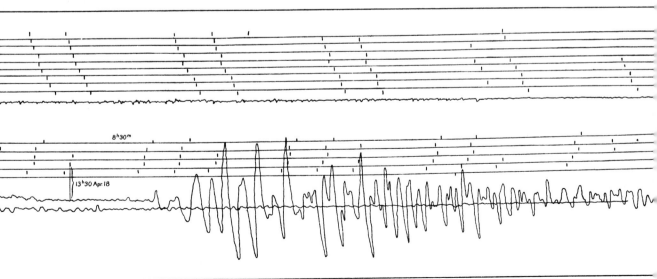

8ʰ30ᵐ

13ʰ30 Apr 18

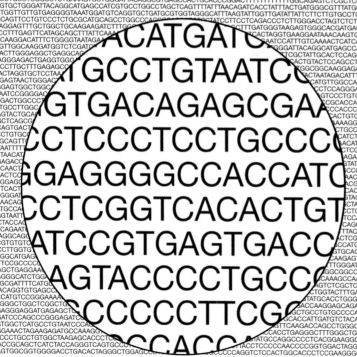

인슐린 수용체 유전자의 전체 염기 서열

잭 챌러너, 공개 데이터베이스에서 발췌, 2021년

이 이미지에 보이는 네 글자 A, C, G, T는 유전자를 구성하는 DNA의 이중나선상에 놓인 핵염기들의 머리글자다. 각각 아데닌(adenine), 사이토신(cytosine), 구아닌(guanine), 티민(tymine)으로 불리는 이들 염기는 단백질을 만드는 지침을 담은 유전 암호(유전자 코드)의 기초가 된다. 여기 나열된 염기 서열은 인간의 인슐린 수용체(INSR)를 만드는 암호다. 생명체의 각 세포에 포함된 모든 DNA의 집합체를 유전체라고 하는데, 인간의 경우 2만 ~2만 5,000개의 유전자와 총 30억 개의 염기로 구성되어 있다. 인간 유전자의 염기 서열 데이터는 모두 공개 데이터베이스를 통해 무료로 이용할 수 있다.

**태양, 달, 행성의 움직임을
보여 주는 그림**
작자 미상, 10세기 또는 11세기

과학자들이 데이터를 표시하고 분석하는 데
흔히 사용하는 도표는 강력한 시각화 도구
다. 도표는 직관적이어서 데카르트가 좌표계
를 정립하기 훨씬 전에도 데카르트 공간과 유
사한 도표를 만든 사람들이 있었다(p.83 참조).
이 그림은 어느 무명의 천문학자가 수도원에
서 강의할 때 강의 노트의 일부로 만든 것으
로, 하늘에서 태양, 달, 행성의 위치가 어떻게
변하는지 보여 준다. 가로줄과 세로줄이 그려
진 모습이 19세기 후반에야 보편화한 그래프
용지를 연상케 한다.

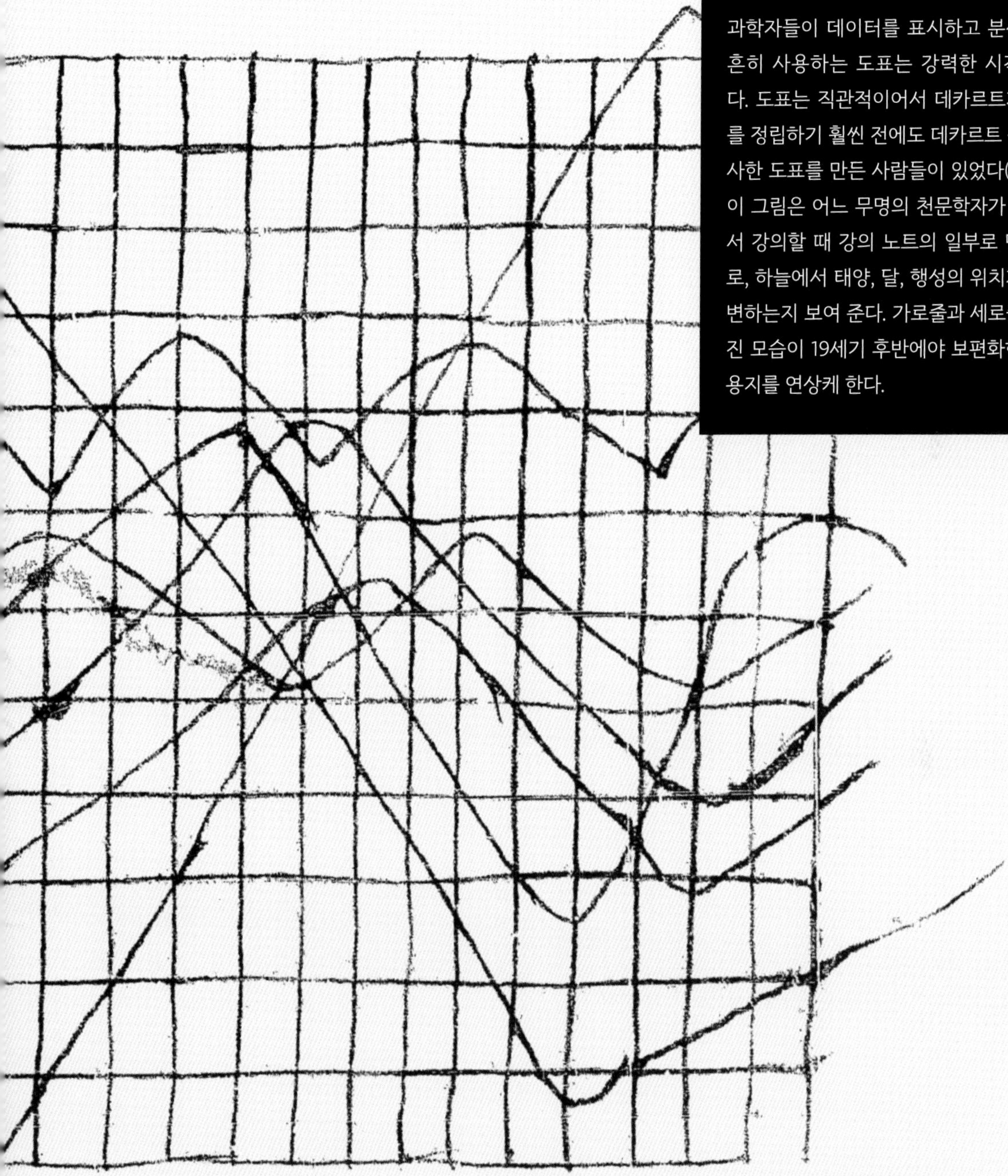

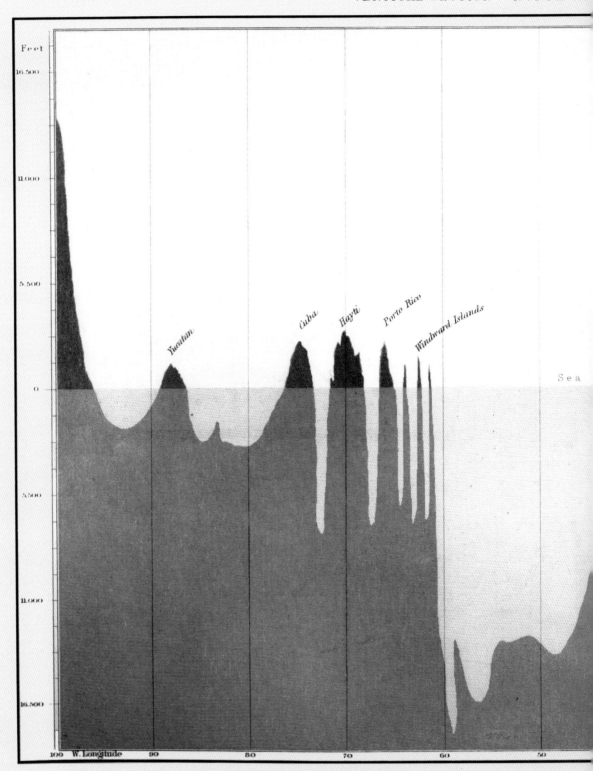

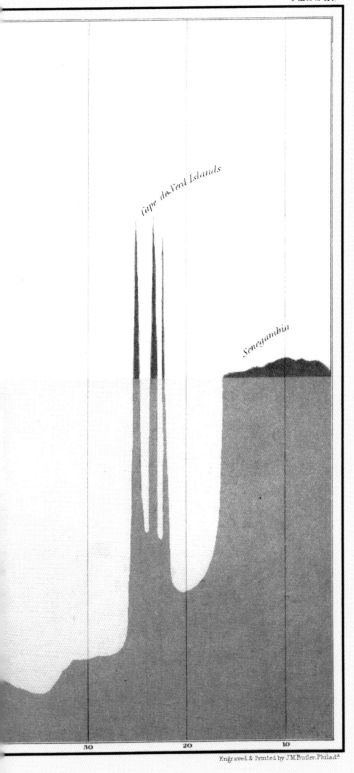

PLATE XV.

Cape de Verd Islands

Senegambia

30   20   10

Engraved & Printed by J.M.Butler Philada.

최초의 해저 분지 프로필

매슈 폰테인 모리, 1854년

대서양을 가로지르는 선상에서 경도별로 바다의 깊이를 보여 주는 이 도표는 천문학자이자 해양학자인 매슈 폰테인 모리가 만든 것이다. 고대부터 선원들은 배에서 물속으로 무거운 중량물을 떨어뜨려 강이나 얕은 바다의 수심을 쟀다. 그러나 1850년대 초에 모리가 두 차례의 탐사를 계획하기 전까지 심해저에 관해서는 아무런 정보가 없었다. 그는 여러 차례의 측심(sounding, 수심 측량) 결과를 도표(세로 눈금이 과장되었다)에 표시하면서 서경 45° 부근에 집중된 얕은 지역을 발견했다. 이로써 처음으로 대서양중앙해령(p.208 참조)의 존재를 짐작하게 되었다.

파장에 따른 빛의 세기 그래프

칼 비에로르트, 1873년

손으로 그린 이 곡선은 램프 불빛의 파장에
따른 빛의 세기를 나타낸 것이다. 이 그래프
는 화학자들이 특정 파장에서 흡수되는 빛의
양으로 원소를 식별하는 방법을 설명한 책에
나온다. 이러한 분석법을 실행할 때는 광원에
서 나온 빛의 세기가 파장에 따라 어떻게 변
하는지를 고려해야 하는데, 이 그래프는 바로
그 목적으로 사용된 참고 자료였다. 그래프에
표시된 측정값은 스펙트럼의 여러 파장에서
빛이 희미해진 정도를 어렵게 추정하여 얻은
것이다. 그래서 측정값의 오차 범위(가로 막대
로 표시)가 상당히 넓다. 보다시피 측정값을 숫
자로만 나열하기보다 이 같은 도표로 시각화
하면 이해하기가 훨씬 쉽다.

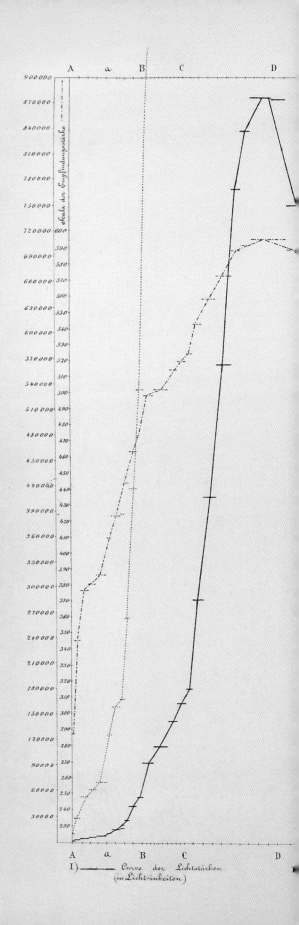

Lichtstärke des Spectrum's der Petroleumflamme.

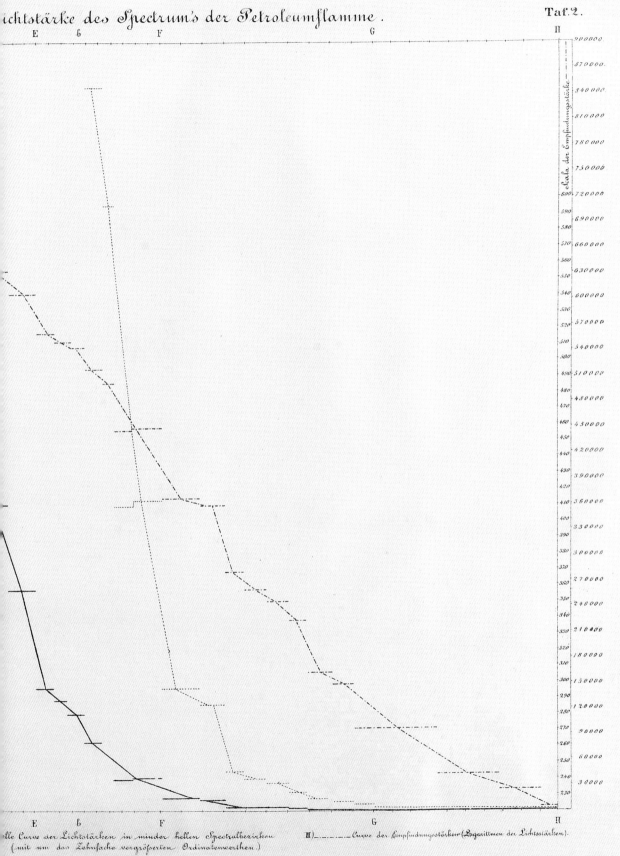

I) ——— Curve der Lichtstärken in minder hellen Spectralbezirken   III) — · — · — Curve der Empfindungsstärken (Logarithmen der Lichtstärken).
(mit um das Zehnfache vergrösserten Ordinatenwerthen.)

지구로부터의 거리에 따라 은하가 멀어지는 속도

에드윈 허블, 1929년[2]

아래 그래프는 우주가 팽창하고 있음을 최초로 증명한 자료다. 팽창하는 우주에서는 두 은하 사이의 거리가 멀수록 서로 더 빠르게 멀어진다. 그래프를 보면 이 상관관계를 즉시 알아볼 수 있다. 도표상의 추세선들은 팽창계수(직선의 기울기)를 찾기 위해 허블이 그려 넣은 것이다. 당시 허블은 우주 공간에서의 움직임이 통계적으로 유의미한 비교적 가까운 은하들의 거리만 측정할 수 있었다. 이 때문에 상관관계가 불완전하다. 하지만 이 그래프를 발표한 이후로 더 먼 은하들의 속도를 측정할 수 있게 됐고, 그렇게 만든 그래프는 훨씬 더 정확한 상관관계를 보여 주었으며, 매우 정확한 팽창계수를 결정함으로써,[3] 우주의 나이를 계산할 수 있게 되었다.

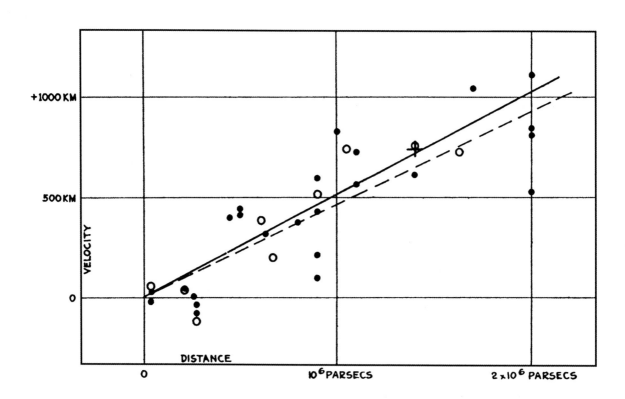

동물의 신체 크기 대비 대사율

막스 클라이버, 1947년[4]

아래 그래프는 동물의 열 생산량*과 체질량 사이의 관계를 보여 준다. 두 축 모두 로그 스케일을 사용했으며, 여기서는 각 축의 눈금이 한 칸씩 증가할 때마다 데이터값이 10배로 커진다. 이렇게 두 축 모두 로그 스케일을 적용한 도표에서 직선은 데이터의 상관관계가 지수 법칙을 따른다는 것을 의미한다. 클

라이버는 열 생산량이 체질량의 3분의 2제곱(지수가 ⅔)에 비례할 것으로 가설을 세웠지만('Surface'로 표시된 점선), 실제 결과는 4분의 3제곱(지수가 ¾)에 비례했다(빨간색 실선). 만약 열 생산량과 체질량 사이에 직접적인 상관관계가 있었다면(지수가 1) 데이터값에 해당하는 점들이 'Weight'로 표시된 쇄선 위에 나타났을 것이다.

* 어느 시간 동안 동물이 활동하면서 발생한 열의 총량으로, 이 값을 통해 에너지 소모율, 즉 대사율을 알 수 있다.

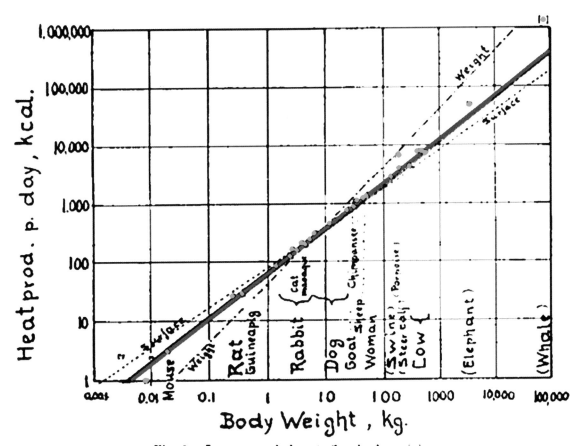

Fig. 1. Log. metabol. rate/log body weight

지난 1,000년 동안의 지구 온도 그래프

마이클 E. 만, 레이먼드 S. 브래들리,
맬컴 K. 휴즈, 1999년

기후학자 마이클 만과 동료들의 과학 논문에 실린 그래프이다.[5] 또 다른 기후학자 제리 말 먼은 이 그래프를 보고 '하키 스틱'이라는 용어를 만들었다. 오른쪽 끝에서 온도가 급격히 상승하는 부분이 아이스하키 스틱의 날을 연

상케 하고, 온도가 꾸준히 하강하는 나머지 부분은 스틱의 손잡이에 해당하는 셈이다. 만 의 연구팀은 지난 1,000년 동안의 지구 온도 를 '재구성'하기 위해 데이터베이스와 다른 많은 연구자의 데이터를 사용했다. 19세기 이 후에야 온도를 체계적으로 기록하기 시작한 탓에 데이터 대부분은 간접적으로 측정한 추 정치였다. 간접 데이터는 나이테의 간격과 만 년설에서 채취한 빙핵에 녹아 있는 가스 등을 연구해 얻었다.

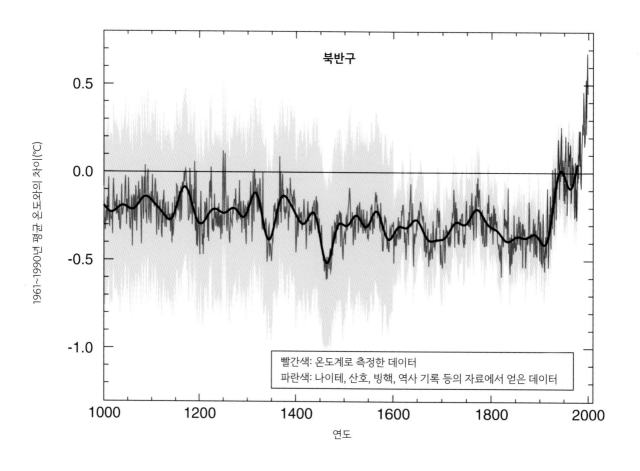

1958~2021년의 대기 중 이산화탄소 농도 그래프

잭 챌로너, 스크립스해양연구소의
데이터 사용, 2021년

1958년, 지구화학자이자 해양학자인 찰스 킬링은 하와이의 마우나로아에서 대기 중 이산화탄소 농도를 모니터링하기 시작했다. 킬링 박사는 2005년에 세상을 떠났지만, 이 작업은 계속 이어져 오고 있다. 이산화탄소 농도를 그래프로 나타내면 흔히 킬링 곡선(Keeling curve)이라고 부르는 모양이 나오는데, 이 곡선으로 분명한 현상 두 가지를 알 수 있다. 첫 번째는 대기 중 이산화탄소 농도가 계절에 따라 뚜렷하게 변한다는 사실이다(그래프에 나타난 톱니 모양). 이는 북반구에서 봄과 여름에 광합성을 하느라 이산화탄소를 흡수하는 나무가 많기 때문이다. 두 번째는 전체 이산화탄소 농도가 1958년 315ppm에서 2021년 420ppm에 근접할 정도로 뚜렷하게 증가했다는 점이다.

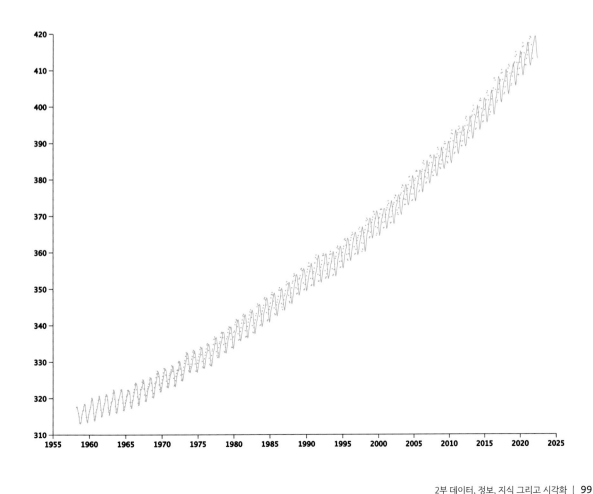

극좌표로 시각화한
흑범고래의 발성

아쿠아소닉 어쿠스틱스, 연도 미상

데이터를 극좌표로 나타낸 이 그래프는 기본
적인 데카르트 좌표축 중 하나(여기서는 시간
축)를 원형으로 빙 두른 것이다. 이런 그래프
를 보면 데이터 시각화가 유용할 뿐 아니라
아름답고 흥미로울 수도 있음을 알게 된다.
실제로 이 그래프는 돌고래의 일종인 흑범고
래(*Pseudorca crassidens*)의 고주파 딸깍 소리,
휘파람, 울음소리를 시각화한 것으로, '웨이
블릿 분석'이라는 기법으로 만들었다. 웨이블
릿 분석은 원시 신호의 각 성분을 주파수별로
분해하여 그것을 시간의 함수로 나타내는 수
학적 기법이다.[6] 이 방법은 신호에서 원치 않
는 잡음을 제거하여 연구자들이 신호의 주요
특성을 더 잘 파악하게 해 준다.

깊이 들여다보기: 빅 데이터

많은 사람이 비즈니스, 정치, 의료 등과 관련하여 '빅 데이터'라는 용어에 익숙할 것이다. 이 용어는 방대한 데이터를 모으는 일뿐 아니라 그것을 분석하고 유용한 정보를 추출하는 일(데이터 마이닝)도 포함한다. 빅 데이터는 기술 이용의 잠재적 이점이 분명한데도 데이터의 소유자가 누구인지, 사람들의 개인 정보가 어느 정도로 침해되는지에 대하여 논란이 이는 경우가 많다. 이런 논란은 의료 분야에서 가장 두드러진다. 수백만 명의 의료 기록을 모은 데이터베이스는 약물의 효과를 추적하거나 특정 질병 발생에 영향을 주는 요인을 연구하는 데 도움이 될 수 있지만, 그 데이터베이스에는 가장 민감한 개인 정보가 포함될 수 있기 때문이다.

대다수 과학 분야에서 빅 데이터를 응용할 때는 보통 전압계, 열량계 또는 적외선 분광기 같은 기기에서 나온 측정값을 데이터로 사용하기 때문에 이러한 문제가 거의 발생하지 않는다. 인공지능(AI)과 결합한 빅 데이터는 과학에 새로운 방식으로 접근할 수 있게 해 준다. 방대한 데이터가 입력되면 AI는 관련성 없는 데이터를 걸러 내고, 남은 데이터에서 패턴을 예측하고 찾는 일을 수행한다. AI가 점점 더 강력해지다 보면 기존에 해 오던 가설 중심의 과학적 방법은 쓸모없게 될 수도 있다. 그 자리는 '지식으로 전환될 만한 정보를 찾기 위해 막대한 데이터를 선별하는 알고리즘과 통계 도구'가 대신하게 될 것이다.[7] 그러나 아직은 데이터 과학의 도구들이 과거에 확립된 과학적 과정 안에서 사용되고 있다.

빅 데이터의 특징을 규정할 때는 종종 세 가지 V를 언급한다. 바로 Volume (양), Variety(다양성), Velocity(속도)다. 빅 데이터는 대개 다양한 원천에서 다양한 종류로(다양성) 대량의 데이터가 모이는데(양), 일반적으로 빠르게 도착하여 처리된다(속도). 방대한 데이터가 빠르게 입력되면 많은 컴퓨터가 저장과 처리를 동시에 수행한다(분산 저장과 병렬 처리). 이렇게 대량의 데이터를 다루다 보면 또 다른 V, 즉 Visualization(시각화)이 핵심 요소가 될 것이다.

빅 데이터의 과학적 응용 사례 중 시각화를 가장 중요한 목표로 삼는 일 가운데 하나는 동물의 이동 경로를 추적하는 연구다. 무브뱅크(Movebank)[8]라는 국제기구는 위성으로 신호를 전송하는 전자 태그(tag)로 수집한 데이터와 현장 연구자들이 제공한 지상 기반 정보를 보관하는 저장소 역할을 한다. 무브뱅크는 20억 곳이 넘는 위치에서 수집한 다양한 데이터를 보유하고 있으며, 기후와 토지 이용 변화, 생물 다양성 감소, 침입종, 야생 동물 밀매, 전염병과 같은 문제에 대처하기 위한 연구에 데이터를 제공한다.

케냐의 흰수염누 이동 경로를 시각화한 자료

422 South*, 무브뱅크, 2020년

동물학자와 생태학자가 동물의 여정을 기록하기 위해 이용하는 기술은 동물에 태그를 달기 시작한 20세기 초 이후로 많은 발전을 거듭했다. 연구자들은 1980년대부터 수천 마리의 동물에 부착된 송신기가 저궤도 위성에 데이터를 전송하는 글로벌 데이터 수집 시스템 아르고스(Argos)를 이용해 왔고, 2020년부터는 이카루스(Icarus)라는 훨씬 더 정교한 시스템에도 접근할 수 있게 되었다. 동물에 부착된 경량 송신기는 국제우주정거장(ISS)에 있는 수신기로 다양한 정보를 전송한다. 무브뱅크는 아르고스와 이카루스의 데이터뿐 아니라 무선 송신기와 같은 지상 기반 기술을 이용하는 연구자들이 보내온 데이터도 무료로 제공한다.

* 영국의 데이터 시각화 회사

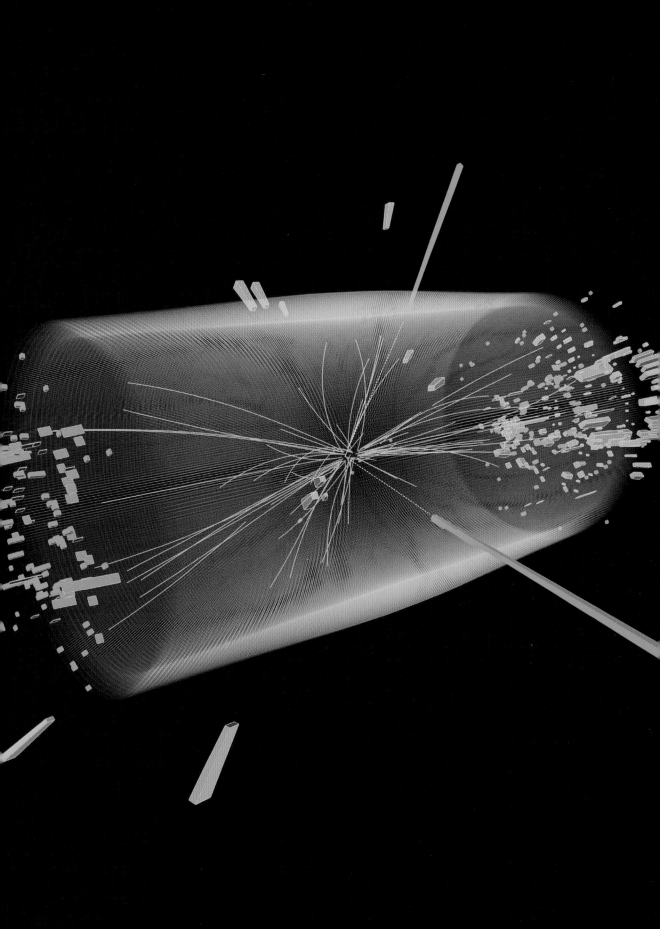

힉스 입자 붕괴 현상을 시각화한 이미지

CMS 검출기, CERN, 2012년

LHC에서 일어나는 10억 건의 충돌 가운데 힉스 입자를 생성하는 경우는 겨우 하나다. 비유하자면 데이터로 이루어진 거대한 빙산의 일각인 셈이다. 왼쪽 이미지는 고에너지의 양성자가 충돌하여 생성된 힉스 입자가 이론에서 예측한 대로 붕괴하며 입자 소나기를 생성하는 모습을 시각화한 것이다. 입자물리학에서 실험 데이터를 해석할 때는 이미지가 매우 중요한 역할을 한다. 이 이미지는 CERN의 LHC에 있는 CMS 검출기에서 나온 데이터를 재구성한 것이다.

무브뱅크가 수집하고 처리하는 데이터의 양은 다른 몇 가지 프로젝트와 비교하면 턱없이 적다. 한 예로 '시공간 기록 탐사(Legacy Survey of Space and Time)'의 데이터를 제공할 칠레의 베라루빈천문대를 생각해 보자. 이 천문대의 망원경에는 해상도가 3.2기가픽셀인 카메라가 장착되어 있어 밤사이에 20초마다 15초 노출 사진을 촬영한다. 이렇게 하면 며칠에 한 번씩 밤하늘 전체를 초고화질로 담을 수 있다. 프로젝트가 끝나는 2033년경에는 하늘의 모든 지점이 1,000번 이상 포착될 것이다. 이를 통해 천문학자들(그리고 AI 시스템)은 방대한 범위의 천체를 발견하고 연구할 수 있게 된다. 이 천문대는 10년간 매일 밤 약 20TB(테라바이트)의 데이터를 생성할 것이다. 이는 초고화질(4K) 영화 약 200편 분량과 맞먹는 양으로, 총 15PB(페타바이트)가 넘는다. 전 세계의 컴퓨터는 이 프로젝트의 관측 단계가 진행되는 동안은 물론이고 관측 종료 후에도 끊임없이 데이터를 저장하고 분석하고 추출할 것이다.

과학 분야에서 빅 데이터의 잠재력을 보여 주는 다른 예로는 CERN의 대형강입자충돌기(LHC)에서 수행하는 입자 충돌 실험이 있다. LHC 내부에서는 입자 빔* 두 개가 서로 반대 방향으로 광속에 가깝게 이동하다가 네 개의 검출기 안에서 충돌(교차)한다. 각 검출기 내의 기기는 고에너지의 양성자들이 충돌해서 생성된 입자들의 위치와 에너지를 측정한다. LHC가 가동되면 초당 약 6억 건의 충돌이 일어나며, 엄청난 양의 데이터가 생성된다. 그러나 이 중에서 잠재적 연구 가치가 있는 충돌은 1,000건 미만이다. 따라서 초당 생성되는 40TB의 방대한 데이터를 검출기 자체 프로세서로 걸러 100GB로 줄이고, 그후 다시 10GB 정도로 줄인다. 현재 CERN의 데이터 센터에 있는 7만 개 이상의 컴퓨터 프로세서가 이렇게 데이터를 추출하여 CERN과 전 세계 11개 센터에 저장한 후, 42개국의 160개가 넘는 사이트에 전달하여 추가 분석을 수행한다. 이 위업을 달성하기 위해 고에너지물리학계가 개발한 그리드** 시스템을 WLCG(Worldwide LHC Computing Grid)라고 한다.[9] 사이트 간의 정보 이동량은 초당 평균 20GB이며, 지금까지 저장된 총 데이터는 1,000PB가 훨씬 넘는다.

커넥토믹스(connectomics, 신경 연결망으로 뇌를 이해하는 분야) 역시 과학 분야에서 빅 데이터의 역할이 확대되고 있음을 보여 주는 흥미로운 사례다. 커넥토믹스는 전자현미경을 비롯한 다양한 도구를 사용해 인간의 (그리고 다른 종의) 뇌신경 연결망을 정밀하게 지도화(mapping, 매핑)하려는 신경과학자들의 노력이다(다음 쪽 참조). 뇌의 구조는 매우 복잡해서 많은 데이터가 자동으로 수집되고 처리되는데, 이때도 빅 데이터가 중요한 역할을 한다.[10]

---

* 약 1000억 개의 양성자로 이루어진 입자 뭉치가 3,000개 가까이 모여 하나의 빔을 이룬다.

** 수많은 컴퓨터를 초고속 통신망으로 연결해 데이터 처리와 저장 업무를 분산하는 시스템.

인간의 뇌 트랙토그램 ①

토머스 슐츠, 2006년

커넥토믹스는 극도로 복잡한 뇌 구조를 개별 뉴런 수준까지 정밀하게 매핑하려는 노력이다. 여기 소개한 이미지는 뇌에서 물 분자가 확산하는 정도를 매핑하는 자기공명영상(MRI)을 활용해 만든 트랙토그램*이다. 뇌 영상의 복셀(voxel)** 하나하나는 제각각 측정값을 가지며, 컴퓨터 알고리즘이 모든 측정값을 조합하여 뇌의 백질 영역에 있는 미엘린 섬유의 위치와 방향을 추정해 이 이미지를 만들어 냈다.

* MRI로 수집한 데이터를 이용해 신경 연결망을 3차원 영상으로 시각화하는 모델링 기법을 트랙토그래피(tractography)라고 하며, 그 결과물을 트랙토그램(tractogram)이라고 한다.
**3차원 공간의 한 점을 정의한 그래픽 정보로, 한 복셀에 세 가지 정보(예를 들면 위치, 밀도, 색상)가 할당된다.

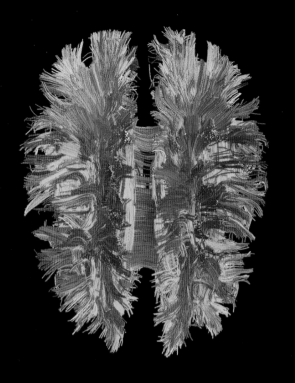

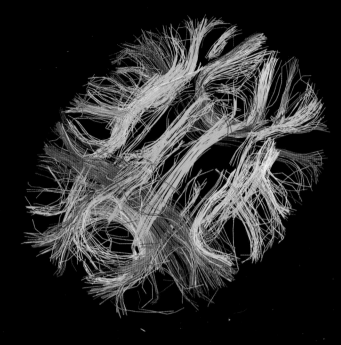

인간의 뇌 트랙토그램 ②

패트릭 해그만, 스위스 로잔대학병원
커넥토믹스연구실, 연도 미상

─────────────────────

이 트랙토그램은 왼쪽 이미지와 마찬가지로
확산텐서영상(DTI)이라는 MRI 기술을 활용해
만들었다. 뇌 영상의 각 복셀은 3차원 공간의
좌표(p.83 참조)로 표현된다는 점을 기억하자.
MRI 촬영 결과로 각 복셀에는 물 분자의 확산
량을 나타내는 수치와 주요 이동 방향을 나타
내는 수치가 할당되며, 이들 데이터를 이용해
뇌 구조를 재구성할 수 있다. 이 이미지에서
는 대뇌겉질의 좌우 반구를 연결하는 넓은 섬
유 다발인 뇌량(주홍색)이 특히 눈에 띈다.

인간의 뇌 트랙토그램 ③

인간 커넥톰 프로젝트, 연도 미상

─────────────────────

MRI 확산텐서영상으로 생성한 또 다른 트랙
토그램이다. 이런 기술은 인간의 뇌신경 연
결망 지도를 만드는 인간 커넥톰 프로젝트
(HCP)[11]에서 중요한 역할을 하며, 뇌 손상을
진단하는 도구로도 점점 더 유용해지고 있다.
HCP는 확산 MRI 외에도 다양한 정밀 기술을
활용하여 인간 뇌의 지도를 완성할 방대한 데
이터를 모은다. 이 이미지에서는 신경섬유를
방향에 따라 다른 색상으로 표시했다. 좌우
방향은 빨간색, 앞뒤 방향은 녹색, 뇌간을 통
과하는 상하 방향은 파란색 색상 코드를 적용
했다.

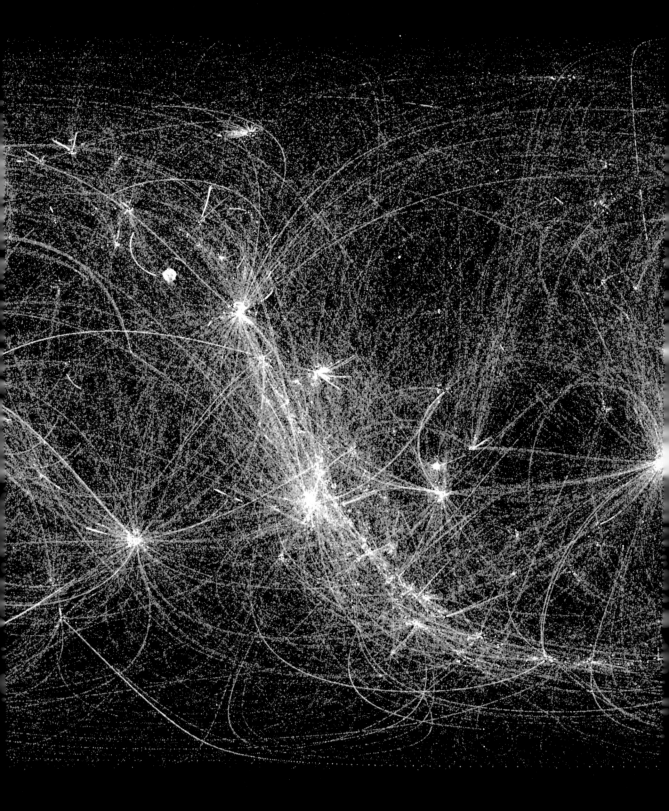

**전체 하늘에서 얻은
엑스선 데이터**

중성자별내부구성탐색기, 2019년

중성자별내부구성탐색기(NICER)는 국제우주
정거장에 설치된 엑스선 망원경이다. 지구 주
위를 공전하면서 때때로 특정 대상을 향해 기
울어지는데, 이 이미지는 NICER가 처음 22
개월 동안 수집한 데이터를 시각화한 것이다.
각 픽셀의 밝기는 하늘의 다른 지점에서 오는
엑스선의 강도를 나타낸다. 특히 밝은 덩이는
대부분 우리은하 내부의 펄서(pulsar, 빠르게 회
전하는 중성자별)이거나 에너지가 매우 강한 활
동성 은하다. 이들 중 상당수는 가시광선을
방출하지 않아서 기존 광학망원경으로는 전
혀 볼 수 없다.

전체 하늘의 우주배경복사 지도

COBE(1992년), WMAP(2003년), 플랑크(2013년)

만약 우리가 대기권 위에 있고 우리 눈이 마이크로파에 민감하다면 이 이미지들과 같은 모습을 볼 수 있을 것이다. 세 가지 이미지에서 해상도가 점점 높아지는 것은 연이은 탐사를 통해 수집된 데이터가 엄청나게 많아졌기 때문이다. 우주배경복사탐사선(COBE)은 태초의 대폭발(빅뱅)로 발생한 열의 잔재인 우주배경복사가 방향에 따라 온도 차이를 보이는 현상(비등방성)을 최초로 발견했다(작은 이미지 중 왼쪽). 우주배경복사가 비등방성을 띤다는 것은 빅뱅 우주론을 뒷받침하는 증거가 되었으며, 시공간이 시작될 때 생성된 물질로부터 은하가 어떻게 형성되었는지 설명하는 데도 꼭 필요하다. 작은 이미지 중 오른쪽 것은 윌킨슨마이크로파비등방성탐사선(WMAP)이, 아래 큰 이미지는 플랑크 위성이 만들어 낸 성과다.

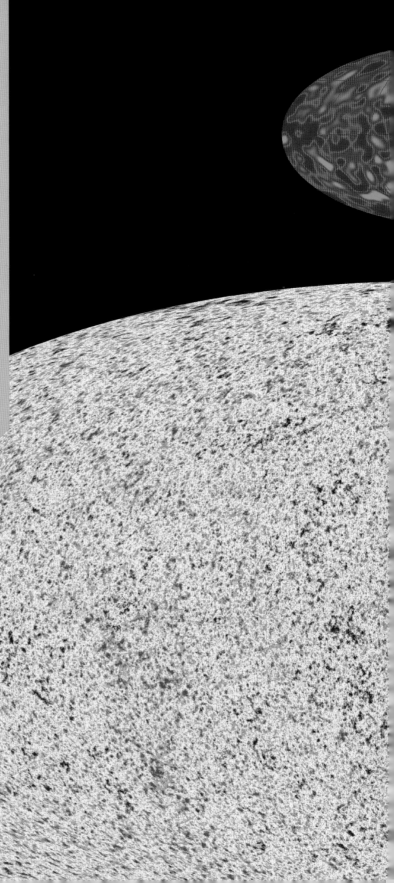

레이더와 적외선으로 관측한 멕시코 유카탄반도

NASA의 제트추진연구소, 2003년

마치 사진처럼 보이는 두 이미지는 6500만 년 전 소행성 충돌로 형성된 칙술루브 운석공에 관한 정보가 담긴 자료들이다. (당시의 충돌로 공룡을 포함한 상당수 생물이 멸종했다.) 첫 번째 이미지는 SRTM(Shuttle Radar Topography Mission)*의 레이더 기기로 수집한 기복 데이터를 기반으로 만든 것이다. 두 번째 이미지는 랜드샛4 위성에 탑재한 계측 시스템 TM(Thematic Mapper) 중 적외선에 민감한 기기들이 수집한 데이터로 만들었다. 레이더 이미지는 운석공의 경계면을 선명하게 보여 주며, 적외선 이미지는 소행성 충돌로 형성된 지질층에 의해 지금까지 영향을 받는 식생 구조를 보여 준다.

* 고해상도 디지털 지형 데이터베이스를 구축하기 위해 미국 국방성 소속 NIMA(국가영상·지도제작국)와 NASA가 주도하는 국제 프로젝트.

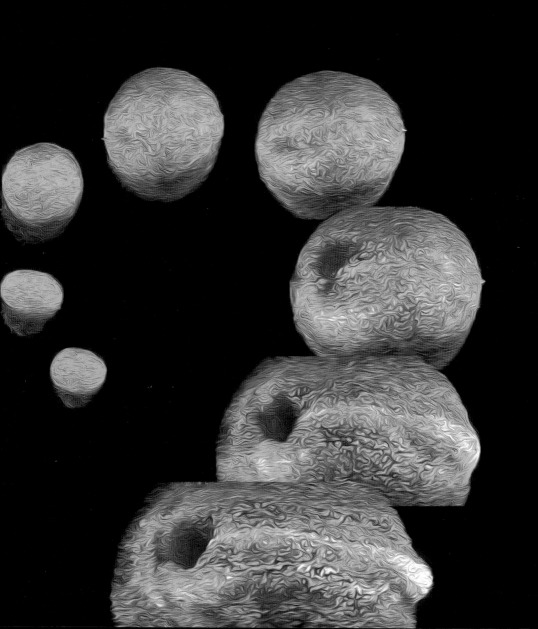

생쥐 배아의 발달 ①
케이트 맥돌 등, 2018년[12]

생쥐는 일반적으로 포유류(특수하게는 인간)의 생물학 연구에 모델 생물로 오랫동안 이용되어 왔다. 생쥐를 이용하는 중요한 연구 중 하나는 소수의 세포로 이루어진 초기 배아(낭배)에서 장기와 체형이 발달해 가는 과정을 알아내는 것이다. 아래 이미지는 낭배(가장 작은 파란색 덩이)에서 시작해 48시간 동안 생쥐 배아가 발달해 가는 과정을 시간 순서대로 구성한 것이다. 파란색 물결무늬는 개별 세포들이 이동하고 분열한 흔적이다. 이 이미지는 알고리즘으로 10TB의 데이터를 분석해 컴퓨터로 만들었는데, 여기에 쓰인 방대한 데이터는 배아가 생존하고 성장하는 데 필요한 모든 실험 설정과 배아가 성장함에 따라 자동으로 시야를 조정하는 현미경을 통해 생성되었다.

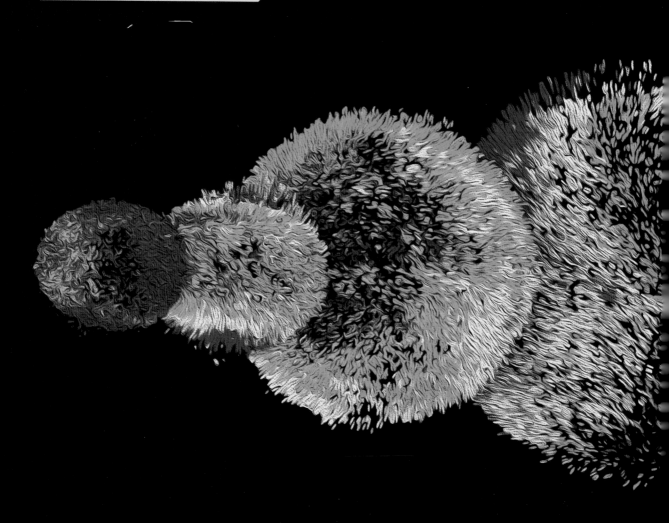

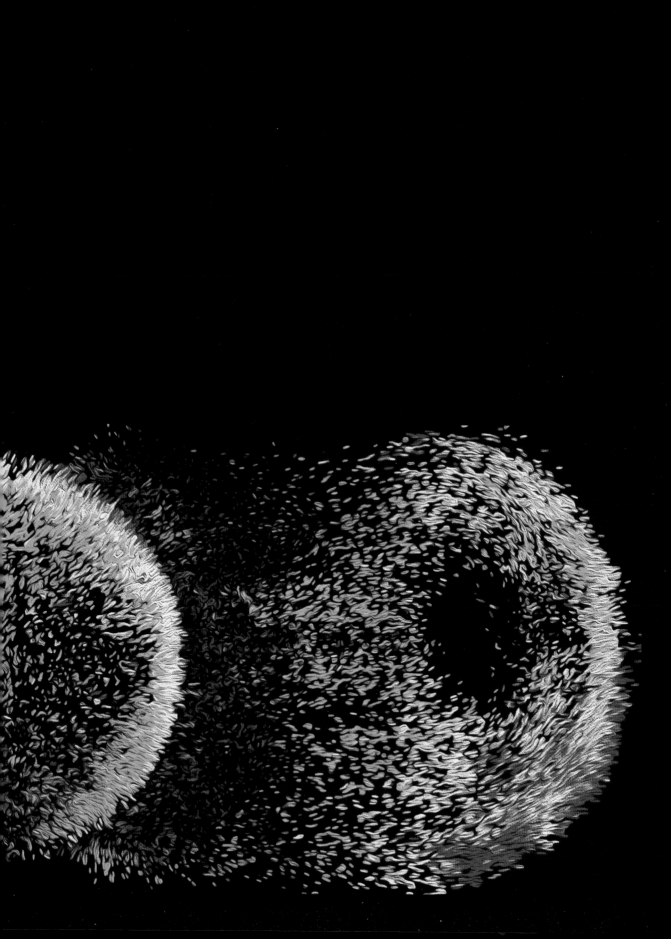

정보 전달, 실험실을 나와 대중에게로

데이터를 모아 정보를 얻다

데이터와 정보를 딱 잘라 구분할 수는 없지만, 일반적으로 DIKW 피라미드 (p.81 참조)나 데이터와 정보를 다루는 사람들은 대개 '문맥이나 의미를 갖춘 데 이터'를 정보로 간주한다.[13] 이제부터 소개할 시각화 자료를 만든 사람들은 자 신이나 다른 사람들의 데이터를 분석해서 정보를 드러내고, 필요하면 요점을 명시하는 방식으로 정보를 시각화했다. 데이터가 아닌 정보를 시각화한다는 것은 대체로 보는 이에게 어떤 영향을 미치거나 다른 연구자들이 참고 자료로 활용하게끔 하려는 의도다.

앞에서 말했듯 과학자들이 정보를 시각화하는 데 사용하는 기법은 정치, 경 제 등 다른 많은 분야에서도 쓰인다. 실제로 정보 시각화의 선구자 중 한 명은 경제학자였다. 엔지니어이기도 했던 윌리엄 플레이페어가 그 주인공으로, 그 는 1780년대에 꺾은선그래프, 막대그래프, 원그래프 등 정보를 시각적으로 표 현하기 위한 여러 종류의 도표를 개발하고 보급했다(p.117 참조). 플레이페어의 통계 그래프는 과학자들에게 열렬히 환영받았으며, 정보를 시각화하는 사례가 늘어나면서 통계학의 또 다른 선구자인 플로렌스 나이팅게일에게 영감을 주었 다. 통계와 정보 시각화 발전을 촉발한 그녀의 가장 유명하고 영향력 있는 작 업물을 118쪽에서 확인해 보자. 지도 역시 또 하나의 중요한 그래픽 도구다. 여 기서는 런던에서 콜레라가 발생한 지점을 표시한 존 스노의 지도를 소개한다 (p.124 참조). 이 지도는 스노의 획기적인 역학 연구 결과를 쉽게 전달하는 데 큰 몫을 했다. 지도는 지질학 분야에서도 정보를 요약해서 보여 주는 데 중요한 역 할을 한다(p.125~127 참조).

매력적인 시각화 도구, 인포그래픽

요즘은 인포그래픽이 급격히 발달한 덕분에 다양한 분야에서 매력적인 정보 시 각화 사례를 흔하게 접할 수 있다. 인포그래픽은 1983년에 디자이너 에드워드 터프트가 출간한 기념비적인 책《정량적 정보의 시각적 표현(*The Visual Display of Quantitative Information*)》에 의해 육성되고, 디지털 혁명을 자양분 삼아 성장 했다. 흥미롭고 매력적이며, 많은 양의 정보를 효율적으로 전달할 수 있는 인포 그래픽은 과학적 정보를 전달하기 위해 일반적으로 사용하는 도구가 되었다. 특히 인간의 활동으로 지구 온도가 상승하는 것과 같이 정말로 중요한 정보를 전달할 때 의미심장하게 쓰일 수 있다(p.128, '온난화 줄무늬' 참조).

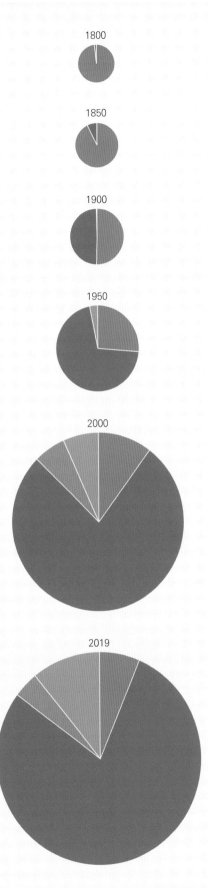

1800~2019년, 세계의 에너지 사용 실태 그래프

잭 챌로너, RAWGraphs*14, 2022년

원그래프는 1801년, 윌리엄 플레이페어의 저서 《통계학 요약서(*Statistical Breviary*)》에 최초로 등장했다. 각 구성 요소가 전체에서 차지하는 비율을 나타낼 때 원그래프가 유용하다. 여기 있는 일련의 원그래프는 1800년 이후 인간의 에너지 사용 실태를 시각적으로 명확하게 보여 준다. 각 원의 면적은 사용된 에너지의 총량을 나타내며, 원 안의 색상 조각들은 각 에너지원이 전체에서 차지하는 비율을 나타낸다.

(참고: 에너지원들을 유형별로 비교할 때 특정 유형 에너지의 비효율성을 고려하여 치환법에 따라 값을 조정했다. 예컨대 화석 연료를 태울 때 방출되는 에너지는 대부분이 손실되는데, 이는 태양 에너지나 풍력 에너지를 사용할 때는 그렇게 큰 문제가 되지 않는다.)

* 무료 데이터 시각화 도구

병사들의 사망 원인을 분석한 극좌표 그래프

플로렌스 나이팅게일, 1856년

플로렌스 나이팅게일은 크림 전쟁 중에 영국군 야전병원에서 2년을 보냈다. 당시 그곳의 열악한 실상과 그로 인한 병사들의 사망률에 그녀는 경악했다. 나이팅게일은 병사들의 사망 원인에 대한 통계를 수집하고 이를 그래프 형태로 제시했는데, "말로는 전달하지 못하는 것을 사람들 눈앞에 보여 주기 위해서였다"고 한다. 보다시피 예방할 수 있었던 원인(파란색)으로 사망한 병사의 수가 부상(빨간색)이나 그 밖의 원인(검은색)으로 사망한 수보다 훨씬 많았다. 나이팅게일의 그래프는 원하던 결과를 만들어 냈다. 군 병원의 환경을 개선함으로써 예방 가능한 원인으로 사망하는 비율이 급격히 감소했다.

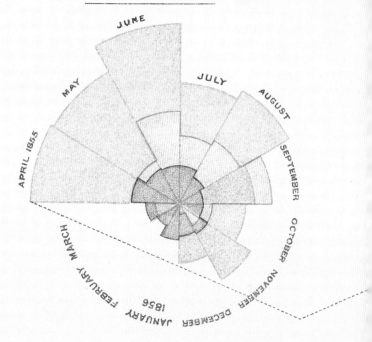

2.
APRIL 1855 TO MARCH 1856.

The Areas of the blue, red, & black wedges are each
   the centre as the common vertex.
The blue wedges measured from the centre of the circle
   for area the deaths from Preventible or Mitigable Zy.
   red wedges measured from the centre the deaths fr
   black wedges measured from the centre the deaths
The black line across the red triangle in Nov.r 1854 m
   of the deaths from all other causes during the mont
In October 1854, & April 1855, the black area coincid
   in January & February 1855, the blue coincides u
The entire areas may be compared by following the
   black lines enclosing them.

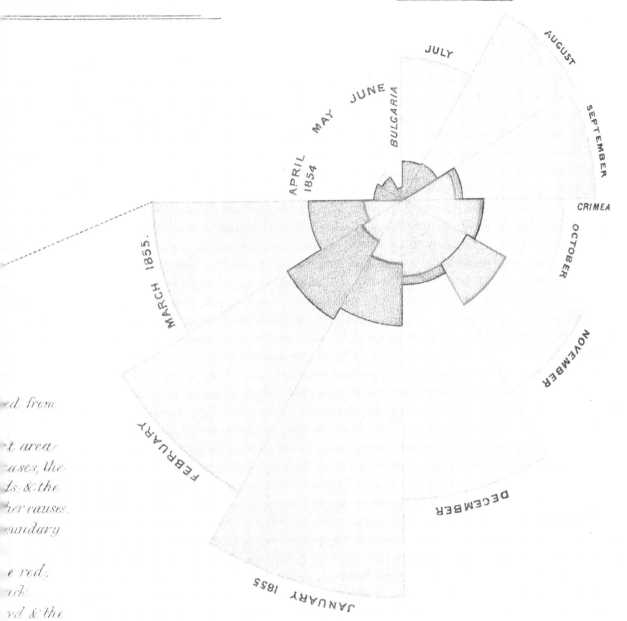

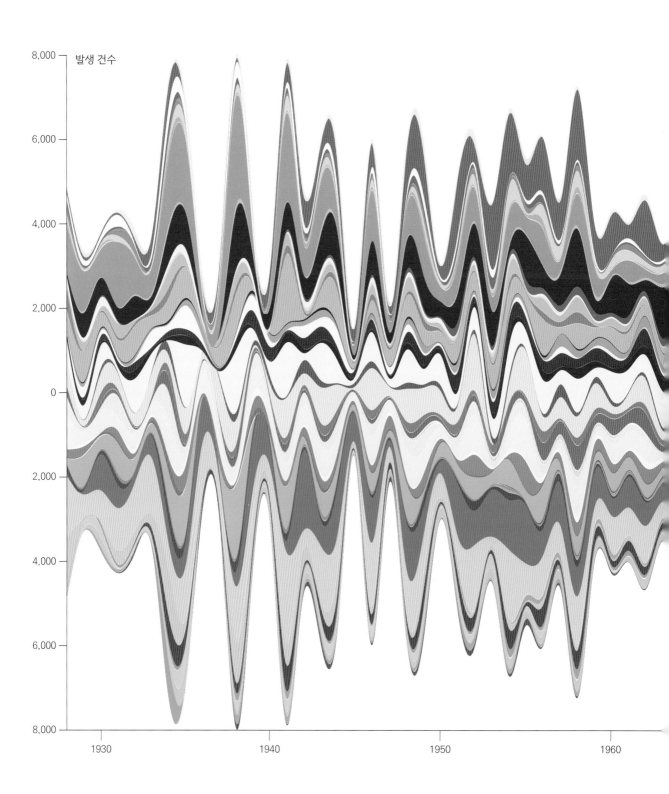

발생 건수

미국 내 홍역 발생 사례를 보여 주는 스트림그래프

잭 챌로너, RAWGraphs 이용, 2022년[15]

1912년, 미국에서 홍역은 발병 사실을 의무적으로 신고해야 하는 법정전염병이 되었다. 보고를 시작한 첫 10년 동안 해마다 약 6,000명이 홍역으로 사망했다. 의료 환경이 전반적으로 개선되면서 사망자 수가 감소하긴 했으나 1950년대까지도 해마다 약 500명이 사망했다. 그러다 1963년에 백신을 도입한 뒤로 홍역 발병률과 사망자 수가 극적으로 줄었다. 백신의 효과는 이 스트림그래프에서 분명히 확인할 수 있다. 스트림(stream)의 전체 높이는 1928년부터 2002년까지 주당 평균 홍역 발병 건수를 보여 준다. 각기 다른 색상은 미국의 각 주를 나타낸다. 데이터는 세계 보건 데이터 저장소인 프로젝트 타이코(Project Tycho)[16]에서 가져왔다.

연도

1970   1980   1990   2000

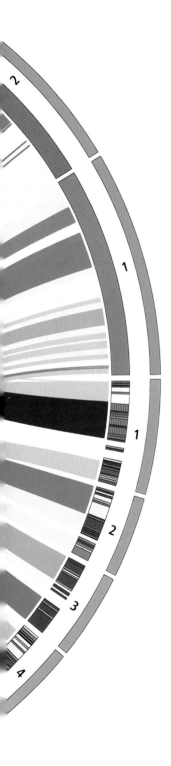

2005년, 한 연구팀은 유전체 간 또는 유전체 내 염색체 간의 유사성을 식별하고 분석할 수 있도록 유전체 정보를 시각화하는 서코스(Circos)라는 소프트웨어를 개발했다.[17] 서코스로 구현한 정보는 광범위한 생물의학 분야에서 매우 유용하다. (지금은 다른 분야에서도 두루 사용한다.) 이 이미지는 인간과 개의 유전체 간 유사성을 시각화한 것이다. 인간의 염색체 23개 중 10개를 위쪽(파란색)에, 개 염색체 39개 중 17개를 아래쪽(주황색)에 배열해 원형을 만들고, 두 유전체가 상당한 길이의 DNA 염기 서열을 공유하는 부분을 원형을 가로지르는 띠로 연결했다. 이 그래프는 개의 15번 염색체에 초점을 맞춘 것이어서 이를 제외한 나머지 염색체의 연결 띠는 회색으로 처리했다.

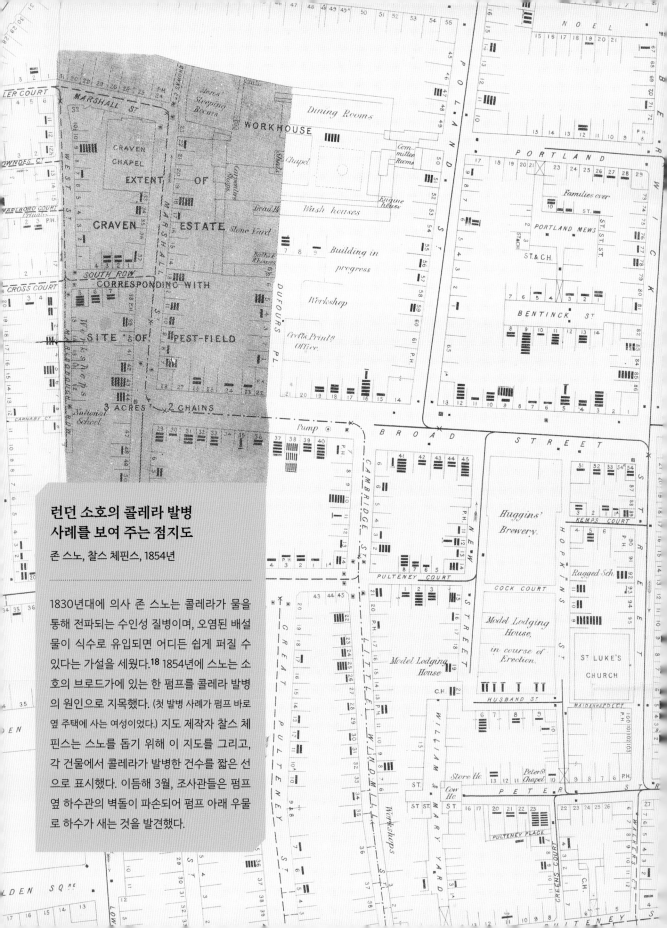

런던 소호의 콜레라 발병 사례를 보여 주는 점지도

존 스노, 찰스 체핀스, 1854년

1830년대에 의사 존 스노는 콜레라가 물을 통해 전파되는 수인성 질병이며, 오염된 배설물이 식수로 유입되면 어디든 쉽게 퍼질 수 있다는 가설을 세웠다.[18] 1854년에 스노는 소호의 브로드가에 있는 한 펌프를 콜레라 발병의 원인으로 지목했다. (첫 발병 사례가 펌프 바로 옆 주택에 사는 여성이었다.) 지도 제작자 찰스 체핀스는 스노를 돕기 위해 이 지도를 그리고, 각 건물에서 콜레라가 발병한 건수를 짧은 선으로 표시했다. 이듬해 3월, 조사관들은 펌프 옆 하수관의 벽돌이 파손되어 펌프 아래 우물로 하수가 새는 것을 발견했다.

영국에서 태어나 영국 전역의 광산에서 수년 간 일한 윌리엄 스미스는 암석층이 항상 같은 순서로 나타나고 특정 지층에서는 같은 종류의 화석이 발견되는 것을 알아차렸다. 이를 계기로 그는 영국 전역의 지층을 조사해 최초의 광역 지질도를 펴냈다. 스미스는 이 지도에 첨부된 회고록[19]에 다음과 같은 설명을 덧붙였다. "(지도에서) 동서 방향으로 이동하면서 마주치게 되는 지층의 가장자리 부분을 '노두 (outcrop)'라고 한다. 각 지층의 아래쪽 가장자리는 다음 지층의 맨 윗부분이며, 일반적으로 가장 명확하게 구분되므로 색상별로 가장 진한 색을 적용했다."

해양 지각의 나이

엘리엇 림, CIRES & NOAA/NCEI*, 2008년

이 지도에서 색상은 수백만 년에 걸친 해양 지각의 나이를 나타낸다. 빨간색이 가장 젊은 지각, 푸른색(보라색)이 가장 오래된 지각이다. 국제 지질학 연구팀[20]이 세계 모든 해저 분지에 있는 지각 암석의 자기적 특성을 연구한 데이터를 이용하여 해저의 디지털 그리드 위에 색상을 입혔다. 중앙해령의 마그마에서 형성된 암석은 철과 니켈이 풍부해서 지구 자기장에 의해 자성을 띠게 된다. 지구 자기장은 20만~30만 년마다 뒤집히고, 이에 따라 자화 방향이 바뀐 마그마가 굳으면서 지각에 '줄무늬'를 남겼다.

* CIRES: 환경과학협동연구소, NOAA: 미국 국립해양대기청, NCEI: 국립환경정보센터

1850~2020년, 지구 온도를 보여 주는 온난화 줄무늬

에드 호킨스 교수, 영국 레딩대학교, 2020년

온난화(가열화) 줄무늬는 1850년부터 2020년까지 지구의 평균 기온 변화를 영리하게 표현한 도표다. 이 기간에 지구 평균 기온은 1.2°C 이상 상승했다. 기후 위기의 심각성을 알리는 이 프로젝트의 웹사이트[21]에서는 특정 지역의 온도 변화를 보여 주는 지역별 온난화 줄무늬도 확인할 수 있다. 복잡한 정보도 이렇게 단순하게 표현하면 파급력을 높일 수 있는데, 색상을 적절하게 선택하면 더욱 효과적이다.

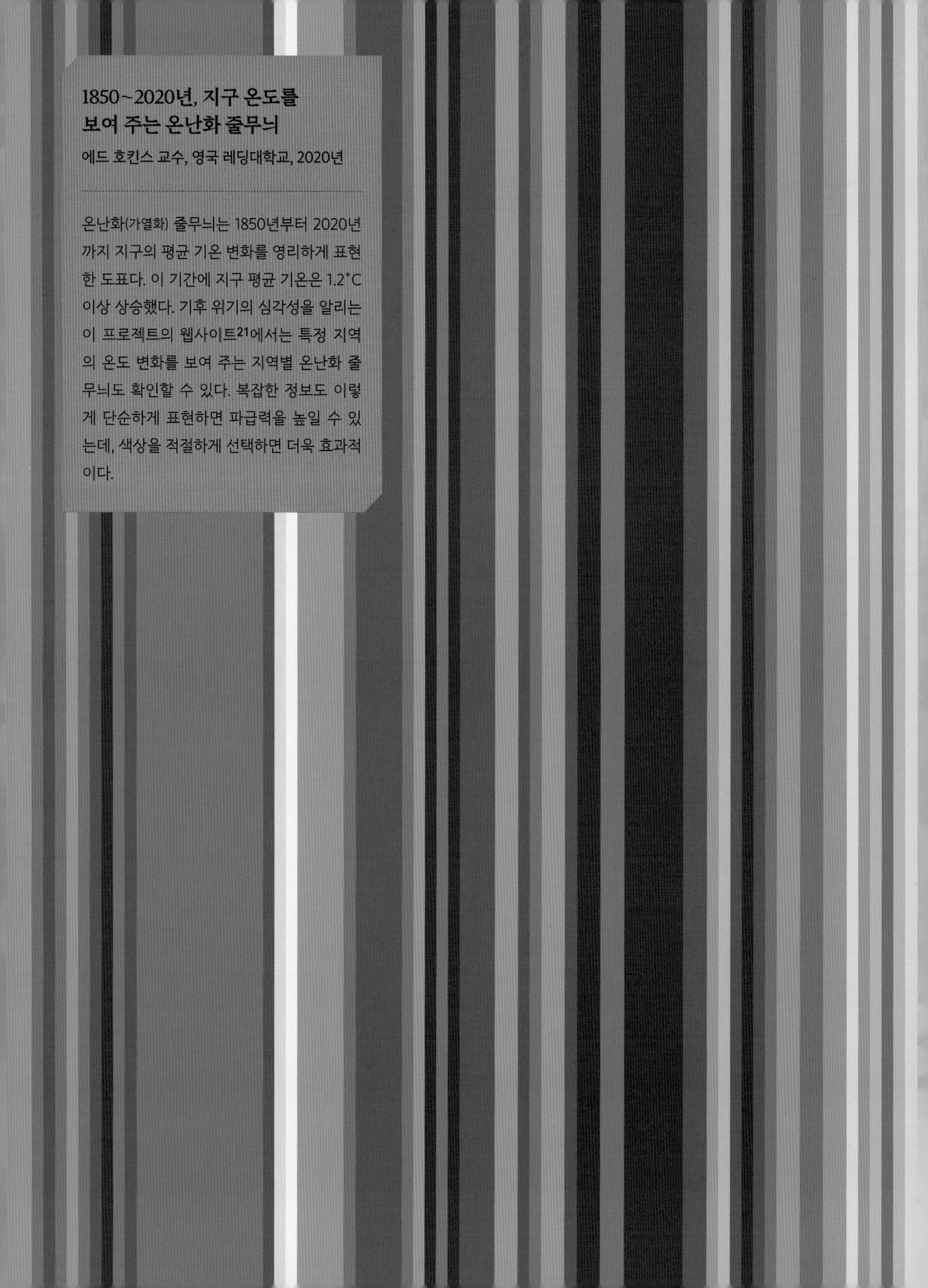

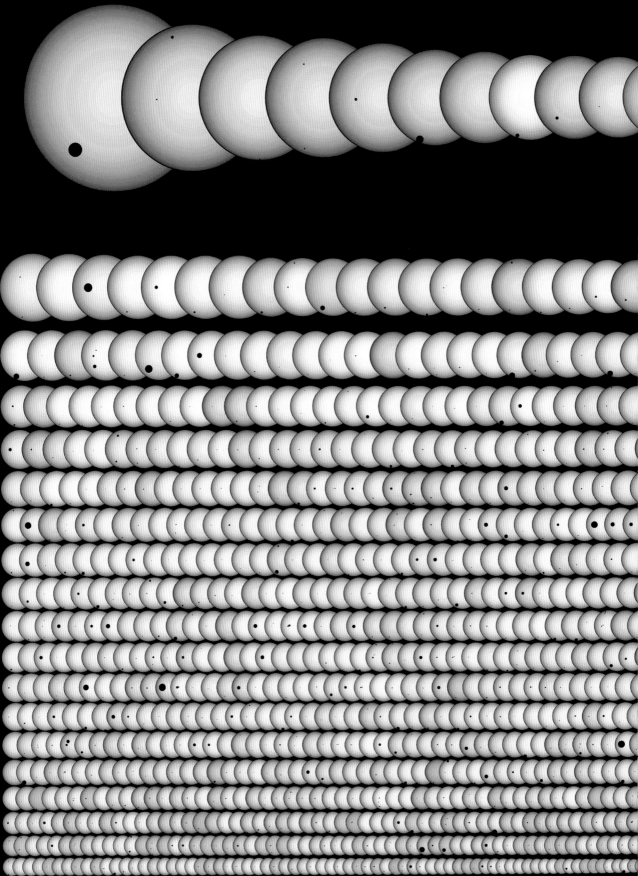

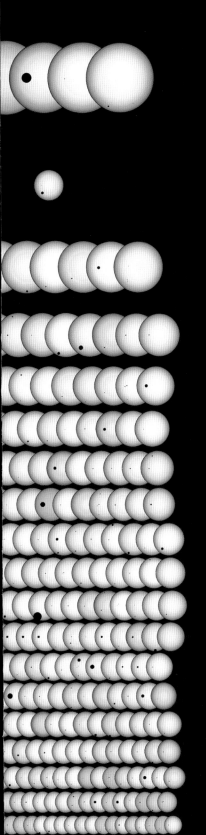

항성 앞을 지나가는 행성

제이슨 로, 2012년

2009~2018년, 케플러우주망원경은 우리은하에 있는 50만 개 이상의 별(항성)에서 빛을 수집했다. 탐사선이 수집한 별의 밝기 데이터에 변동이 있다는 것은 새로운 행성이 있을지도 모른다는 의미였다. 행성이 모항성 앞을 지나갈 때면 일시적으로 별의 밝기가 감소하기 때문이다. 행성 후보에 올랐던 천체들은 나중에 다른 방법으로 검증되었다. 재치 넘치는 이 '가족 초상화'는 2012년 말까지 후보에 올랐던 모든 별을 일정한 축척으로 나타낸 것이다. 아울러 항성 앞을 지나가는 행성들도 크기를 예측하여 함께 나타냈다. 크기 비교를 위해 목성(거의 보이지 않지만 지구도 함께)이 지나가는 태양을 맨 윗줄 바로 아래에 따로 표시했다. 케플러우주망원경은 임무를 마칠 때까지 총 2,662개의 행성을 발견했다.

지식 전수, 새로운 발견을 이끌다

지식 생성과 활용

과학은 새로운 지식을 만들어 낸다. 우리가 세상에 대하여 이전에 알지 못했던 사실을 알게 해 주고, 그런 것들에 익숙하게 해 주며, 이전에 잘못 알고 있던 현상을 이해할 수 있게 도와준다. 프랜시스 베이컨이 과학적 방법론(p.82 참조)을 제시한 이후 400년 동안 과학자들은 방대한 지식을 창출해 냈다. 지식이 가져다주는 깨달음은 그 자체로 기쁨이자 매혹이면서 실용적인 이점도 있다. 엔지니어, 건축가, 정책 담당자, 예술가 등 다양한 분야에 종사하는 사람들이 과학 지식을 활용한다. 그렇기에 새로운 지식을 발견한 과학자들은 그것을 다른 과학자들뿐 아니라 더 많은 사회 구성원에게 전달할 의무와 욕망을 동시에 지닌다.

학습자를 위한 지식

도표나 모형 등 다양한 시각적 도구는 과학 지식을 전달하는 데 매우 유용하다. 왓슨과 크릭이 DNA 분자 구조에 관하여 중대한 발견을 했을 때, 이를 전달하기에 모형보다 더 좋은 방법은 없었다(p.147 참조). 시각화는 방대한 지식을 간단한 형태로 압축하는 수단이 되기도 하고, 과학자에게는 참고 자료가 되며, 학습자에게는 보조 도구로 활용되곤 한다. (시각적 설명은 강력한 학습 도구다.[22]) 헤르츠스프룽-러셀도(p.136 참조)와 주기율표(p.142 참조)가 좋은 예다. 이번에 소개하는 시각화 유형은 대부분 개괄적인 도식이나 도표다. 이것은 볼 수 없는 사물이나 장면을 묘사하려는 예술가의 상상과는 다르다. (그런 시각화는 4부에서 다룬다.)

과학에는 아이러니가 있다. 과학은 지식을 탐구하는 학문이지만, 세상의 모든 가설·이론·실험은 절대적 진리나 절대적 지식을 산출하지 않는다. 단지 사실이 아닌 것을 배제할 뿐이다. 실험의 결과는 가설을 뒤집거나 뒷받침할 수 있으나 그것이 전적으로 옳다고 증명할 수는 없다. 같은 현상을 설명할 다른 가설이 항상 존재하기 때문이다. 알베르트 아인슈타인은 이를 멋지게 요약했다. (여기서는 다소 의역되었다.[23]) "아무리 많은 실험을 해도 결코 내가 옳다는 것을 증명할 수는 없지만, 단 한 번의 실험으로 내가 틀렸음을 증명할 수 있다." 따라서 과학적 이해가 항상 변화하고 발전하는 것은 놀라운 일이 아니다(p.138 참조). 오늘날 우리가 알고 있는 지식은 미래의 새로운 발견과 이론에 의해 바뀌거나 개선될 것이다. 과학도 인생처럼 여정 자체가 목적인 셈이다.

백색광의 굴절과
색 분산에 관한 설명

아이작 뉴턴, 1704년

빛의 굴절과 분산(빛이 프리즘을 통과할 때 여러 색으로 나뉘는 현상)을 설명하는 이 그림들은 뉴턴의 획기적인 저서 《광학(Opticks)》[24]에 수록되었다. 뉴턴 이전에도 14세기의 카말 알 딘 알파리시와 프라이베르크의 테오도릭[25] 등 여러 사상가가 무지갯빛이 생기는 현상을 그림과 함께 설명했다. 그러나 뉴턴의 그림(Fig.15)은 이 현상을 최초로 현대적이고 정확하게 설명한 것으로, 제대로 된 과학적 방법의 결과물이라 할 수 있다. 또 뉴턴은 백색광(햇빛)이 프리즘을 통과할 때 나타나는 무지갯빛이 본래 햇빛 자체에 내재한 것임을 처음으로 밝혀냈다. 뉴턴은 이 사실 역시 그림(Fig.16)을 곁들여 설명했다.

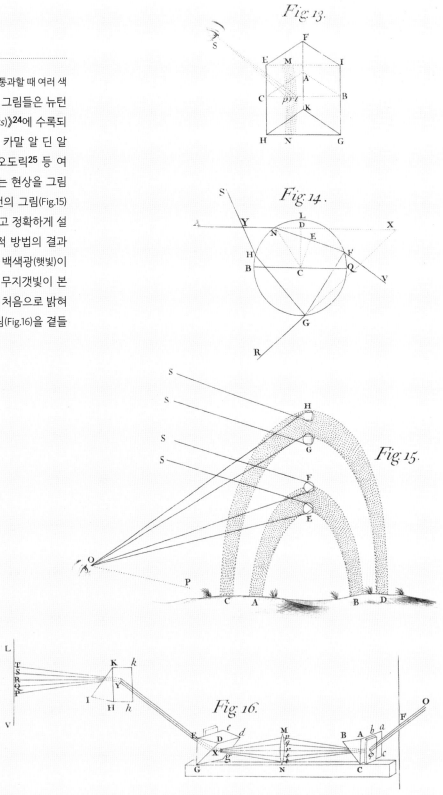

오로라에 관한 가설을 설명하는 그림

존 로스 경, 1835년

아직 확립되지 않은 새로운 가설을 설명할 때도 그림을 이용한다. 비록 가설이 틀렸더라도 그런 그림은 중요한 과학적 과정의 일부로 남는다. 이 그림도 그런 경우 중 하나인데, 해군 장교인 존 로스 경[26]이 오로라(북극광)에 관한 자신의 가설을 설명하기 위해 그린 것이다. 로스는 오로라가 빛의 반사 때문에 생긴다고 생각했다. 그는 태양 빛이 "극지방을 둘러싼 광대한 얼음과 눈 덮인 평원과 산"에 반사되고, "그렇게 반사된 빛에 의해서만 우리 눈에 보이는" 구름에 또다시 반사되어 오로라가 발생한다고 설명했다.

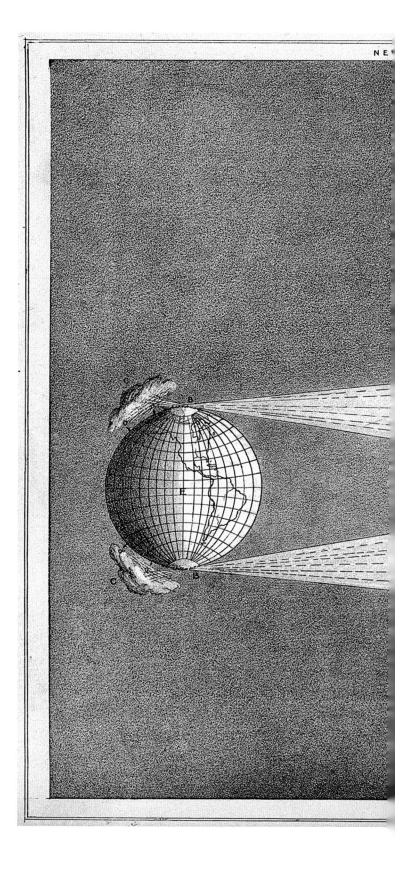

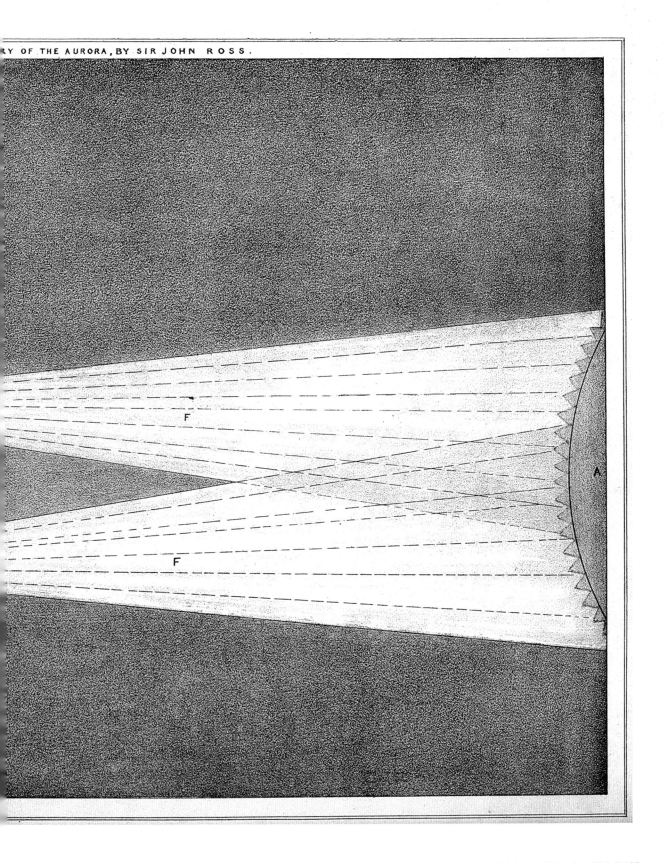

헤르츠스프룽-러셀도

아이나르 헤르츠스프룽과 헨리 러셀이 각각 고안함, 1910년경[27]

헤르츠스프룽-러셀도(Hertzsprung–Russell diagram)에서 가로축은 별의 표면 온도를 나타낸다. 왼쪽으로 갈수록 온도가 높다. 온도 대신 '스펙트럼 등급(분광형)'을 나타내는 문자를 표시하기도 하는데, 표면 온도에 따라 별의 색깔이 달라지므로 이 둘은 사실상 같은 개념이다. 세로축은 별의 광도, 즉 별이 방출하는 빛의 양을 나타낸다(로그 스케일로 표시, p.97 참조). 위로 갈수록 밝은 별이다. 거의 모든 별은 이 도표에 구분된 네 가지 영역 중 하나에 속한다. 가운데 긴 대각선 영역은 주계열성으로, 별들은 일생 대부분을 이 상태로 지내며 수소 융합 반응으로 헬륨을 만든다. 수소 연료가 부족해지면 다른 영역에 속하게 된다. 아주 밝고 큰 별은 그만큼 많은 빛을 내기에 수천만 년 정도만 주계열성으로 지내고 팽창하여 초거성이 된다. 태양보다 약간 큰 별들도 팽창하여 거성이 된다. 하지만 태양 정도의 별(황색왜성)은 결국에 백색왜성이라는 작고 어두운 별로 생을 마감하게 된다.

광도(태양을 기준으로 함)

10^6

10^5

10^4

10^3

10^2

10^1

1

10^{-1}

10^{-2}

10^{-3}

10^{-4}

10^{-5}

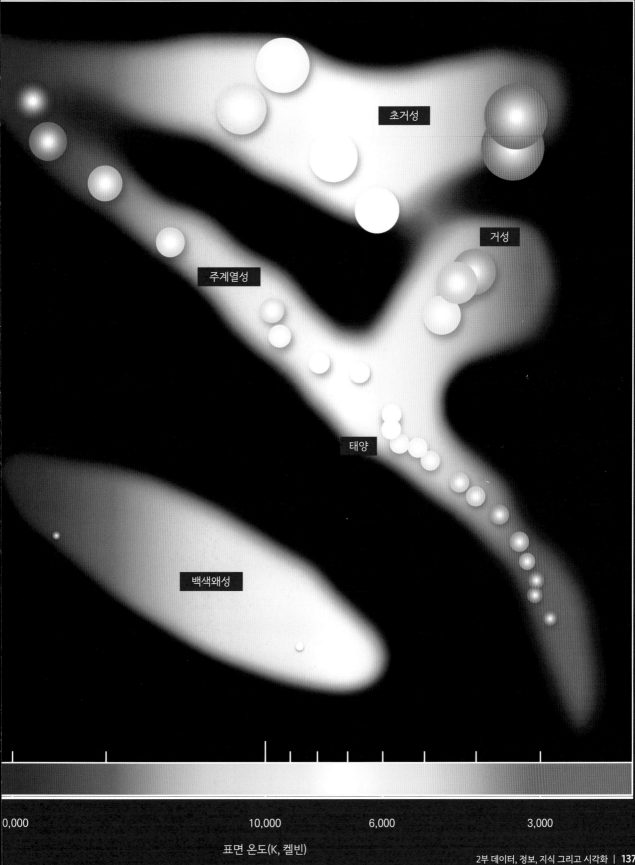

초거성

거성

주계열성

태양

백색왜성

0,000　　　　　　　10,000　　　　　6,000　　　　　3,000

표면 온도(K, 켈빈)

깊이 들여다보기: 원자 모형

과학의 본질상 어떤 주제에 관한 우리의 이해가 시간이 지남에 따라 달라지는 것은 당연하다. 원자 이론의 역사는 과학 지식이 변화해 온 과정을 아주 잘 보여 주는 주제 가운데 하나다.[28] 고대부터 철학자들은 모든 물질이 작은 입자로 이루어져 있다는 원자 개념을 어렴풋이 알고 있었다. 원자를 뜻하는 단어 atom은 '쪼갤 수 없는'이라는 뜻의 그리스어 *atomein*에서 왔다. 고대 그리스의 철학자 데모크리토스는 물질이 어떻게 더 쪼갤 수 없는 입자로 구성될 수 있는지에 대하여 포괄적인 이론을 처음으로 제시했다. 일부 철학자들은 데모크리토스의 이론을 고대 원소 이론과 결합하여 공기, 흙, 불, 물이라는 네 가지 원소에 각각 하나의 원자가 있다고 생각했다.

물질을 원자의 집합으로 보는 관점은 수백 년 동안 뒷전으로 밀려나 있다가 17세기 과학자들이 원자를 둥근 공 모양으로 그리기 시작하면서 다시 주목받기 시작했다. 1690년, 수학자이자 천문학자인 크리스티안 하위헌스는 과일 통 안에 쌓인 오렌지처럼 구 형태의 원자들을 그려 결정체가 규칙적인 모양을 띠는 까닭을 설명해 보였다.[29] "이러한 결정체에서 볼 수 있는 규칙성은 결정체를 구성하는 작고 보이지 않는 단일 입자의 배열에서 비롯한 것 같다." 1738년, 물리학자 다니엘 베르누이는 기체가 고속으로 움직이는 원자들로 이루어졌으며, 이로 인해 공기압이 생긴다는 의견을 제시했다.[30] 그는 상단에 피스톤이 있는 원통 모양 그림에 둥근 공 모양으로 원자를 나타내고, "아주 작은 입자들이 매우 빠르게 운동하며 피스톤의 밑면에 반복해서 부딪히는 충격으로 피스톤을 받치고 있다"고 설명했다.

현대 원자 이론은 19세기 초에 처음으로 등장했다. 기상학자이자 화학자인 존 돌턴은 같은 원소의 원자는 모두 무게가 같으며, 서로 다른 두 원소의 원자량은 다를 것으로 예상했다. 돌턴은 원자를 원과 나무 공으로 표현해 원자가 어떻게 결합하여 분자를 이루는지 설명했다. 현대의 화학자들과 화학 교사들도 분자 모형을 만들 때 여전히 원자를 단단한 공으로 나타낸다. 그러나 원자 이론은 이같이 단순한 관점을 넘어섰다. 원자는 한때 과학자들이 생각했던 것과 같은 불가분의 물체가 아니다.

기호로 나타낸 원자와 분자
존 돌턴, 1808년

존 돌턴은 저서 《화학의 새로운 체계(*A New System of Chemical Philosophy*)》에서 물질이 '엄청난 수의 극히 작은 입자, 즉 원자로 이루어져 있다'는 사실을 탁월하게 설명했다. 이 책[31]의 그림은 '임의의 표시 또는 기호'로 서로 다른 원소의 원자를 표현했다. 오른쪽 그림에서 1번은 수소 원자, 4번은 산소 원자, 21번은 물 분자를 나타낸다. (돌턴은 분자에 대해서도 '원자'라는 용어를 사용했으며, 물의 화학식을 H_2O가 아닌 HO로 나타냈다.)

Simple

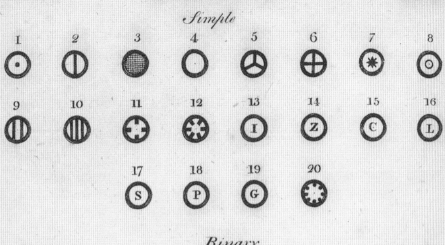

Binary

Ternary

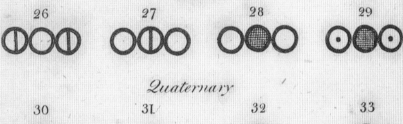

Quaternary

Quinquenary & Sextenary

Septenary

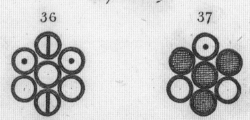

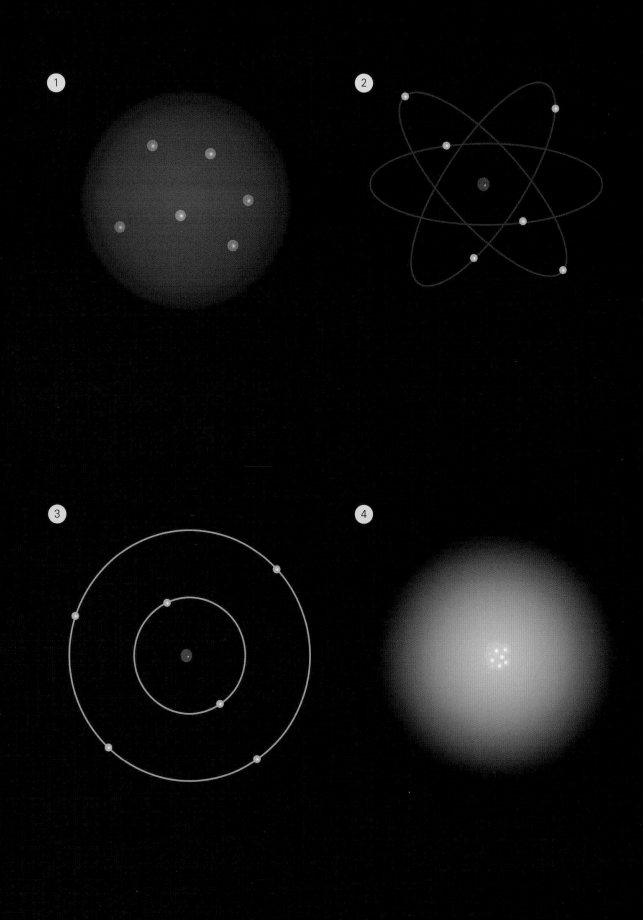

① 톰슨의 '자두 푸딩' 원자 모형은
양전하를 띤 구 안에 음전하를 띤
전자들이 흩뿌려져 있는 형태다.
② 러더퍼드는 톰슨의 모형이
틀렸다고 생각했다. 그는 원자
중심에 양전하가 있고, 전자들이
그 주위를 돌고 있다고 주장했다.
③ 보어의 모형에서는 전자의
궤도가 양자화되어 있다.
④ 슈뢰딩거의 모형에서는 전자가
실제로 궤도를 도는 것이 아니라,
그 궤도에 존재할 확률을 나타내는
3차원의 정재파(standing wave,
파형이 진행하지 않고 일정한 곳에
머물러 진동하는 파동)로 존재한다.

원자론은 19세기 내내 물리학자들과 화학자들 사이에서 인기를 끌었지만, 그 개념을 사실로 받아들인 것은 거의 19세기 말에 이르러서였다.[32] 그러나 물질이 쪼갤 수 없는 작은 입자로 이루어져 있다는 개념이 확립될 즈음에 과학자들은 원자에 내부 구조가 있다는 증거를 발견했다. 그 시작은 1897년에 물리학자 조지프 존 톰슨이 전자를 발견하면서부터였다. (사실 1890년대 이전에도 이미 일부 과학자들은 원자가 전하를 가진다는 가설을 세웠고, '전자'라는 이름까지 생각해 냈다.) 톰슨은 원자가 전체적으로는 전기적으로 중성임을 알았다. 그는 마치 자두가 박힌 푸딩처럼 양전하를 띤 구 안에 음전하를 띤 작은 전자들이 들어 있는 원자 모형을 제안했다.

1909년, 물리학자 어니스트 러더퍼드는 원자의 양전하가 톰슨의 모형처럼 원자 전체에 분산된 것이 아니라, 원자 중심의 한 곳(그가 핵이라고 이름 붙인 부분)에 집중되어 있음을 증명하는 실험을 했다. 그 결과로 원자의 생김새에 관한 그림이 다시 바뀌었다. 러더퍼드는 원자핵이 태양처럼 중심에 있고 전자는 행성들처럼 궤도를 돈다고 생각했다. 양자론이 등장한 후 1912년에 물리학자 닐스 보어가 러더퍼드의 원자 모형을 개선했다. 그는 몇 가지 주요 실험을 통해 전자가 특정 거리에서만 궤도를 돌 수 있으며 이 궤도가 띄엄띄엄 '양자화'되어 있다는 부정할 수 없는 결론을 이끌어 냈다. 양자물리학이 발전하면서 물리학자 에르빈 슈뢰딩거는 현대적인 원자 개념의 기초를 확립했다. 양전하를 띤 작은 원자핵(양성자와 중성자로 구성)이 음전하를 띤 전자로 둘러싸여 있는데, 전자는 원자핵 주변 어디에나 퍼져 있으나 정확한 위치는 알 수 없고 단지 특정 위치에서 발견될 확률(이 확률 분포를 그림으로 나타내면 마치 구름 같아서 '전자구름'이라고 부르기도 한다)만 알 수 있다.

원자에 대한 현대적 관점은 앞 문장에 담긴 내용보다 훨씬 더 상세하며, 이를 간단한 그림 하나로 나타내기는 불가능하다. 그래서 과학 논문이나 교육 자료에서 원자를 표현할 때는 항상 개략적인 그림을 사용한다. 사실 모든 과학 지식이나 이론은 아무리 잘 정립되어 있어도 결국 유추나 설명일 뿐이다. 과학자이자 철학자인 알프레드 코르집스키는 "지도는 영토가 아니다"라고 했다.[33] 현실을 본뜬 모형이나 설명이 제아무리 정확하고 현실 세계 사물의 거동을 잘 예측한다 해도 그것은 어디까지나 모형일 뿐, 현실 자체는 아니라는 뜻이다.

둥글게 말린 띠 주기율표

제임스 프랭클린 하이드, 1975년

표준 주기율표는 원소를 논리적인 시각적 체계로 배열한 것이지만, 그것만이 유일한 방법은 아니다. 여기 있는 독특한 형태의 주기율표를 보자. 대다수 주기율표와 달리 둥글게 말린 띠의 시작 부분에 수소(중앙의 라일락색, 원자 번호 1)가 놓여 있다. 띠는 여러 층으로 감겨 있으며, 각각의 층은 주기(표준 주기율표의 가로줄)를 나타낸다. 같은 족(표준 주기율표의 세로줄)에 속하는 원소들은 표준 주기율표와 마찬가지로 한 줄로 배열되었다. 각 족의 원소들은 가장 바깥쪽 전자의 배치 상태(띠 바깥쪽에 문자 s, p, d, f로 표시)가 같아서 같은 족끼리는 화학적 성질이 비슷하다. 청록색 고리에 표시된 란타넘족과 악티늄족 원소들은 표준 주기율표에서는 따로 분리되어 있다. 이 주기율표에 쿠르차토튬(기호는 Kh)으로 표시된 104번 원소는 현재 러더포듐(Rf)으로 부른다. 원소 기호 대신 별표(*)로 표시한 것은 1975년까지 발견되지 않았거나 이름이 정해지지 않은 원소다. (이후 원자 번호 118까지 모든 원소가 발견되어 이름을 얻었다.)

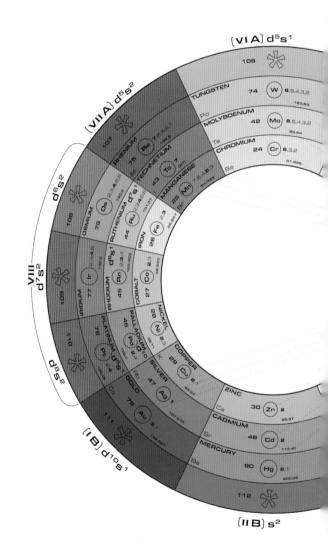

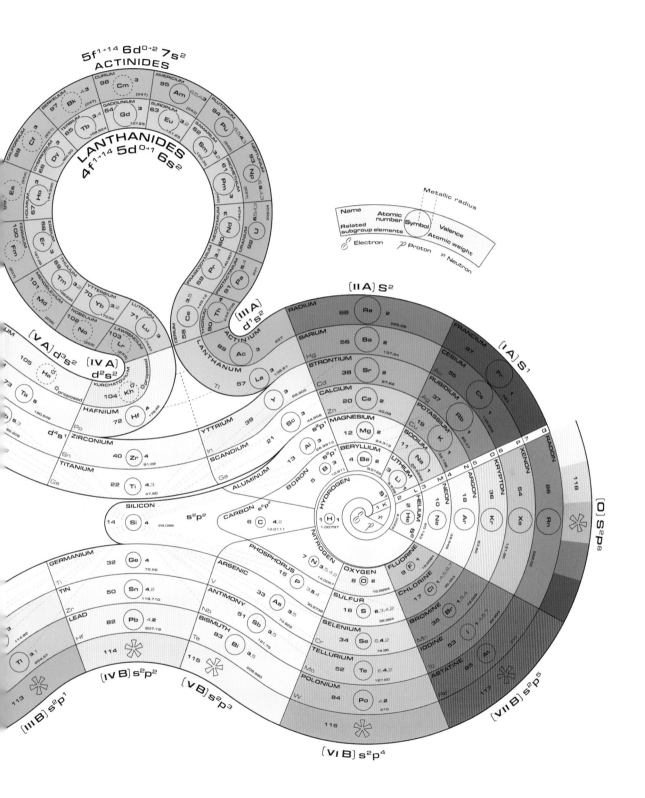

개략적인 진화의 나무

레오나드 아이젠버그, 2017년

이 도표를 게재한 웹사이트[34]는 학생들이 진화를 한눈에 개략적으로 이해하게끔 돕기 위해 진화의 나무(계통수)를 활용하고 있다. 도표 제작자는 진화 나무의 주요 가지들을 빙하기나 캄브리아기 대폭발, 대멸종 같은 중요한 사건의 흐름과 함께 배치하여 전반적인 생명의 역사를 개괄적으로 보여 주며, 오늘날 지구상의 모든 생명체가 공통 조상으로부터 내려왔다는 생각을 분명히 전달하고 있다. 진화가 나무처럼 가지를 친다는 개념은 박물학자 찰스 다윈이 처음 제시했으며, 다윈의 자연선택에 의한 진화론은 종의 발달에 관한 현대적 지식의 기초가 되었다. 그러나 최근 진화생물학자들은 자연선택의 배경인 경쟁과 멸종이 진화의 한 메커니즘(다른 두 가지는 '공생'과 '유전정보 교환'이다)에 불과하며, 진화를 나무에 비유하는 것 자체가 잘못됐다는 증거를 수집하고 있다.[35]

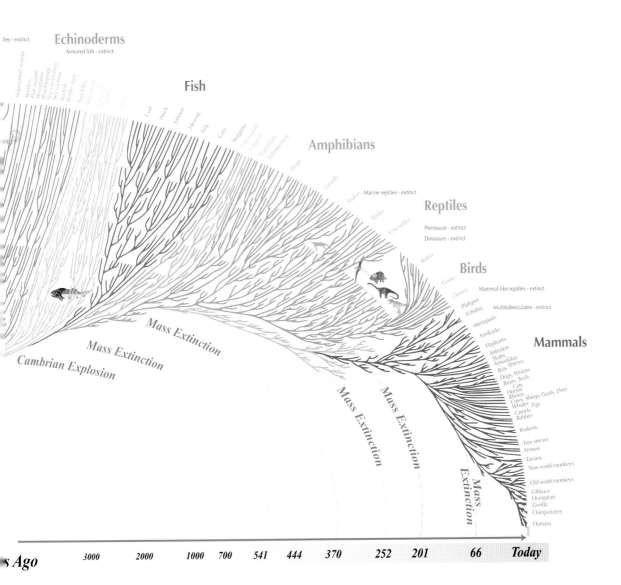

Echinoderms

ites - extinct
Armored fish - extinct

Fish

Amphibians

Reptiles

Marine reptiles - extinct

Pterosaurs - extinct
Dinosaurs - extinct

Birds

Mammal-like reptiles - extinct

Multituberculates - extinct

Platypus
Echidna

Marsupials

Aardварks

Elephants
Anteaters
Sloths
Armadillos
Bats Shrews
Dogs, Wolves
Bears, Seals
Cats
Rhinos
Horses
Cows, Sheep, Goats, Deer
Whales Pigs
Camels
Rabbits

Mammals

Rodents

Tree shrews
Lemurs

Tarsiers

New world monkeys

Old world monkeys

Gibbons
Orangutan
Gorilla
Chimpanzees

Humans

Mass Extinction

Mass Extinction

Mass Extinction

Cambrian Explosion

Mass Extinction

Mass Extinction

Mass Extinction

| s Ago | 3000 | 2000 | 1000 | 700 | 541 | 444 | 370 | 252 | 201 | 66 | **Today** |

과학자들은 1910년대부터 엑스선의 회절을 이용해 결정의 구조와 성질을 연구해 왔지만, 생체 분자는 대체로 크고 복잡해서 일반적인 결정보다 구조를 알아내기가 훨씬 어려웠다. 화학자 도로시 호지킨은 1940년대에 엑스선 결정학(p.85 참조)으로 생체 분자의 구조(분자를 구성하는 원자들의 상대적 위치)를 결정하는 데 선도적인 역할을 했다. 또한 호지킨은 자기가 연구한 분자를 구성하는 원자들 주변의 전자 밀도를 시각화하기 위해 엄청나게 복잡한 계산도 수행했다. 아래 디스플레이 상자의 세 면에 등고선 지도로 표현한 것이 전자의 밀도 변화다.

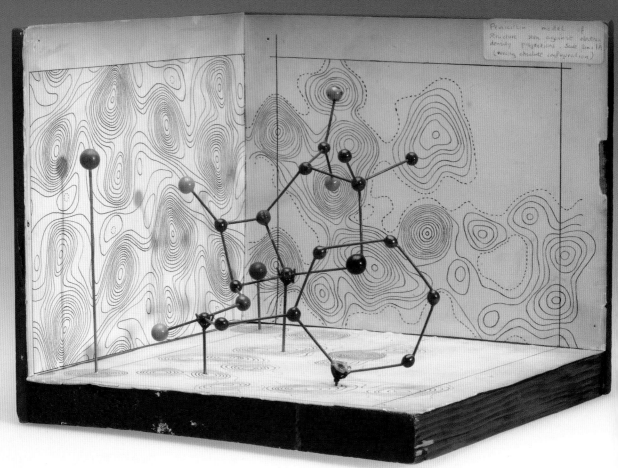

DNA 이중나선 모형

제임스 왓슨, 프랜시스 크릭, 1953년

DNA 구조의 발견은 20세기 과학의 가장 위대한 업적으로 손꼽힌다. 분자생물학자 제임스 왓슨(왼쪽)과 프랜시스 크릭(오른쪽)은 '51번 사진'(p.85 참조)에 드러난 정보를 바탕으로 DNA 분자가 이중나선 형태일 것이라는 가설을 세우고, 이를 검증하기 위해 실험실 장비 조각들로 이 모형을 만들었다. 분자생물학계 내외에서 DNA 이중나선은 누구나 즉시 알아볼 수 있는 모형의 상징으로 자리매김했다.

세 가지 형식으로 표현한 타이로신인산화효소

잭 챌로너, 공개 데이터베이스의 데이터 이용, 2021년

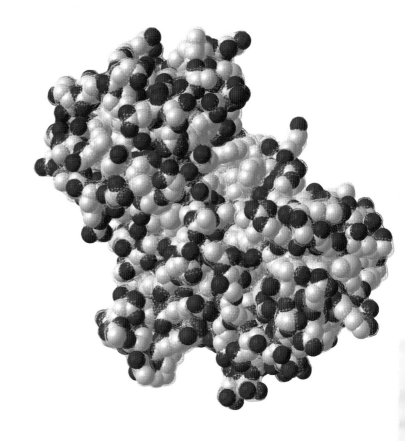

단백질 분자는 아미노산이라는 더 작은 분자들이 사슬처럼 길게 이어져 형성된다. 이러한 아미노산의 배열 순서를 단백질의 1차 구조라고 한다. 일부 아미노산은 나선형이나 띠 모양을 이루는데, 이를 2차 구조라고 하며 단백질의 기능에 큰 영향을 미친다. 기다란 분자는 원자나 원자단 사이에 작용하는 전기적 힘때문에 스스로 접히고, 그 결과로 형성된 단백질의 전체적인 모양을 3차 구조라고 한다. 분자생물학자들은 관심 있는 구조를 강조하기 위해 다양한 형식으로 단백질을 시각화한다. 여기 예로 든 첫 번째 이미지에는 단백질을 이루는 개별 원자들이 보인다. 색상은 원소에 따라 구분했다(예를 들면 산소 원자는 빨간색). 분자 위에 겹쳐진 그물 모양은 전자의 밀도가 일정한 표면, 즉 공간상에서 분자의 실제 모양을 나타낸다. 아래쪽 이미지에서는 분자의 주요 '골격'을 확인할 수 있다. 색상은 분자의 작용기(화학적 특성의 원인이 되는 원자단)에 따라 다르고, 나선형은 2차 구조를 나타낸다. 모두 iCn3D라는 무료 소프트웨어로 제작한 이미지다.[36]

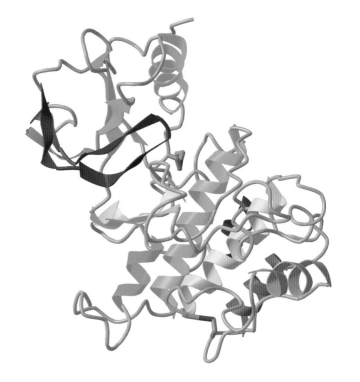

파이오니어 10호, 11호에 실어 보낸 금속판

칼 세이건, 프랭크 드레이크,
린다 살츠먼 세이건, 1972년

1972년에 발사한 파이오니어 10호와 그 이듬해에 발사한 파이오니어 11호에는 표면에 금을 입힌 알루미늄판이 실려 있다. 이 금속판에 새긴 이미지에는 우주에서 지구의 위치와 인간에 관한 정보가 담겨 있다. 남녀 모습 뒤에 배경으로 그려 넣은 탐사선의 윤곽은 벌거벗은 두 사람의 상대적 크기를 알려 주며, 아래쪽에 나열된 동그라미들과 작은 탐사선 이미지는 태양계의 세 번째 행성에서 탐사선이 떠나왔음을 뜻한다. 방사형으로 뻗은 선들은 14개의 밝은 펄서까지의 거리를 나타내며, 은하계에서 지구의 위치를 알려 준다. 이 금속판의 아이디어는 저널리스트 에릭 버지스가 처음 제안했다. 이후 천체물리학자 칼 세이건과 천문학자 프랭크 드레이크가 금속판을 디자인했고, 예술가이자 세이건의 아내였던 린다 살츠먼 세이건이 작품을 제작했다. 태양계를 벗어난 두 탐사선은 지금도 빠른 속도로 심우주를 여행하고 있다.

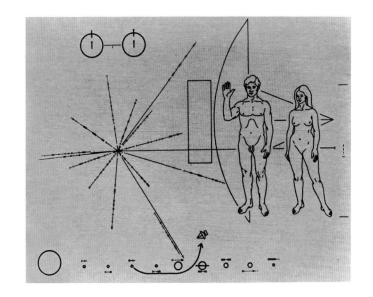

3부 | 수학 모델과 시뮬레이션

과학에서 수학은 단순히 데이터를 수집하고 분석하는 일 이상으로 중요한 역할을 한다. 과학자들은 물체와 시스템의 거동을 설명하고 예측하기 위해 대수*를 이용하는데, 대수 방정식으로 현실 세계에서 일어나는 현상을 모델링할 수 있다. 지금과 같은 컴퓨팅 시대에는 초기 조건을 다양하게 적용해 수학 모델을 구현함으로써 현실 세계를 시뮬레이션(모의실험)해 볼 수 있다. 컴퓨터 시뮬레이션은 현실 세계와 비교할 수 있게끔 결과를 예측해 주므로 과학자들은 이를 통해 가설을 검증할 수 있다. 중요한 것은 과학자들이 컴퓨터의 도움으로 시뮬레이션 결과를 시각화해 동료 과학자들뿐 아니라 더 많은 대중이 정보에 접근할 수 있게 한다는 점이다. 3부에서는 수학 모델과 컴퓨터 시뮬레이션으로 구현한 멋지고 흥미로운 시각화 이미지를 소개한다.

* 개개의 숫자 대신에 숫자를 대표하는 일반적인 문자를 사용하여 수의 관계, 성질, 계산 법칙 따위를 연구하는 학문. 단순한 산술적 계산부터 방정식을 만들고 해를 구하는 기술, 수 체계에 관한 추상적 연구 등을 두루 포함한다.

로렌츠 끌개

에드워드 로렌츠(1963년) 이후

1963년, 수학자이자 기상학자인 에드워드 로렌츠는 대기의 대류 현상을 모델링하고자 간단한 대수 방정식 세 개를 만들었다. 왼쪽 이미지는 그 방정식 세트의 해 집합이다. 이 방정식들의 변수를 특정 범위의 값으로 설정하면 복잡하고 예측할 수 없는 대기의 특성을 반영한 카오스적 해(이러한 해를 '끌개' 또는 '어트랙터'라고 한다)가 생기는데, 이처럼 복잡한 시스템의 예측 불가능성을 로렌츠는 '나비 효과'로 설명했다. 시스템의 초기 조건(이를테면 나비의 날갯짓)을 조금만 변경해도 결과에 막대한 차이가 생길 수 있다는 이론이다(p.204 참조). 재밌게도 로렌츠 방정식은 다른 카오스 시스템에도 잘 들어맞는다.

현실 세계의 수학적 모델링

수학은 자연의 언어다

1623년, 이탈리아의 천문학자이자 물리학자인 갈릴레오 갈릴레이는 우주를 "수학의 언어로 쓰인 위대한 책"이라고 표현했다.[1] 30년 동안 물체의 운동을 연구한 갈릴레오는 자유롭게 움직이는 물체의 속도, 거리, 시간과 같은 변수들 사이에 일관된 수학적 관계가 있음을 발견했다. 예를 들면 물체가 낙하하는 거리는 항상 낙하 시간의 제곱에 비례한다(낙하 시간이 2배가 되면 물체가 낙하한 거리는 4배가 되고, 시간이 3배가 되면 거리는 9배가 된다)는 것을 알아냈고, 진자의 주기(1회 왕복하는 데 걸리는 시간)가 줄 길이의 제곱에 비례한다는 사실도 알아냈다.[2]

이 같은 실제 변수 간의 수학적 관계는 대수식으로 나타낼 수 있다. 대수학은 수학 문제를 풀기 위해 수학적 관계를 이용하는 방법으로, 11세기에 수학자 무함마드 이븐 무사 알 콰리즈미가 발명했다. (대수학을 이용하지 않으면 특정 숫자로 이루어진 각 문제를 개별적으로 해결해야 한다.) 하지만 그 당시에 콰리즈미는 현재 대수학에서 사용하는 문자와 기호를 사용하지는 않았다. 수학 기호는 수백 년에 걸쳐 천천히 등장했다. 심지어 더하기(+), 빼기(-), 등호(=)조차도 각각 14세기(1360년), 15세기(1489년), 16세기(1557년)에 처음 사용되었다. 17세기에 이르러 갈릴레오의 영향을 받은 과학자들이 자연 현상을 대수적으로 기술하기 시작했는데, 처음에는 단어로 표현하다가 차츰 기호를 사용하게 되었다. 아이작 뉴턴은 세 가지 운동의 법칙을 라틴어 문장으로 썼지만, 이것 역시 힘, 속도, 시간 등 변수를 나타내는 기호를 사용하여 방정식으로 만들면 훨씬 더 간결하게 표현할 수 있다. 뉴턴의 운동 법칙은 만유인력의 법칙과 함께 그의 1687년 저서 《자연철학의 수학적 원리(*Philosophiæ Naturalis Principia Mathematica*)》[3]에 소개되었다.

과학의 중심으로 들어온 수학

뉴턴의 법칙이 유명하긴 해도 유일한 과학 법칙은 아니다. 과학의 모든 분야에는 반복적인 관찰을 바탕으로 특정 현상을 기술한 다양한 법칙들이 있다. 그런 법칙은 대부분 공식으로 표현된다. 공식은 변수 간의 관계를 수학 기호를 사용하여 기술한 '대수 함수'다. 예를 들어 뉴턴의 만유인력 법칙을 나타낸 공식에서 임의의 두 물체 사이에 작용하는 힘(F)은 물체의 질량(m_1과 m_2)과 물체 사이의 거리(d)에 따라 결정되는 함수다. 대체로 공식은 등호 양쪽에 하나 이상의 변수가 있는 방정식이다. 이렇게 과학 법칙을 나타내는 공식에 일부 변수의 값을 입력하면 다른 변수의 값을 결정할 수 있으므로, 이를 통해 다양한 조건에서 물체나 시스템의 거동을 예측할 수 있다. 가령 플랑크의 법칙 공식에 물체의 온도 값을 입력하면 실생활에서 물체가 방출하는 빛이나 그 밖의 전자기 복사선이 운반하는 모든 주파수대의 에너지(복사 강도)를 계산할 수 있다.

꼭 법칙이 아니어도 과학자들은 자연 현상을 예측하거나 설명할 수 있는 다른 대수식을 수시로 도출한다. 이는 앞에서 언급한 갈릴레오의 말이 타당하다는 증명인 셈이다. 물론 자연 현상을 설명하는 도구로서 수학의 중요성을 처음으로 깨달은 사람이 갈릴레오는 아니다. 모든 고대 문명의 수학자들이 땅과 별의 상대적 움직임을 관찰하고 도형(기하학)을 연구하는 등 다양한 목적으로 산술을 이용했다. 13세기에는 피보나치로 더 잘 알려진 수학자 레오나르도 보나치가 한 쌍에서 시작한 토끼의 개체 수가 어떻게 증가하는지를 수학으로 설명하고자 했다. 이렇게 해서 나온 피보나치 수열 또는 소위 말하는 황금 비율(수열에서 연속되는 수 사이의 비율)은 꽃잎의 수나 동물의 체형 등 실제 시스템에서 수없이 찾아볼 수 있다. 하지만 실질적으로 수학이 과학의 중심으로 들어오게 된 것은 갈릴레오와 그의 동시대 사람들, 특히 뉴턴과 그의 뒤를 이은 사람들이 대수학을 사용한 덕분이었다.

앞에서 예로 든 플랑크의 법칙 공식과 같은 대수 함수는 어떤 현상을 기술하고 예측할 수 있게 해 준다. 따라서 함수가 현실의 '모델'로 작용할 수 있다. 가설을 수학적으로 표현한 것이 모델인데, 수학 모델도 실제 실험과 마찬가지로 데이터를 생성한다. 그러므로 모델의 출력값을 실제 데이터와 비교하면 그 모델의 타당성을 확인할 수 있다. 즉, 과학자는 수학 모델을 이용해 가설의 타당성을 검증할 수 있다. 또 실제 데이터를 데카르트 좌표(2부 참조)로 시각화할 수 있는 것처럼, 수학 모델이 생성하는 데이터 역시 시각화할 수 있다.

방정식 하나로도 현실 문제를 모델링할 수는 있지만, 대개는 초기 조건처럼 모델의 적용 범위를 정의하는 제약 조건이 수반되는 경우가 많으므로 수학 모델에는 보통 여러 방정식이 포함된다. 어느 경우든 컴퓨터는 모델을 개발하는 과학자에게 없어서는 안 될 도구가 되었다. 컴퓨터는 매초 수백만 또는 수십억 번의 계산을 수행할 수 있다. 그리고 모델에 설정된 임무를 실제로 '수행'하여 연구 대상 시스템을 시뮬레이션하는 것도 컴퓨터다. 컴퓨터 시뮬레이션은 주로 물리학, 화학, 지구과학, 천문학과 같은 분야에서 활용했는데, 이제는 다른 분야에서도 역할이 늘고 있다. 생물학에서는 장기를 컴퓨터로 정확하게 모델링함으로써 연구자들이 인비보(in vivo, 생체)가 아닌 인실리코(in silico, 컴퓨터)에서 '살아 있는' 시스템을 실험할 수 있다(p.164~165 참조).

끊임없이 변화하는 동역학계

대다수 수학 모델은 시간에 따라 변화하는 시스템인 동역학계와 관련 있으며, 동역학계는 수학 중에서도 미적분학에 기초를 두고 있다. 뉴턴은 연속적으로 변화하는 양을 분석하는 방법으로 미적분법을 개발했다. (동시대의 수학자 고트프리트 라이프니츠도 독자적으로 미적분법을 개발했다.) 미분 방정식은 수학 모델에서 흔히 볼 수 있는 특징 중 하나로, x 또는 y 같은 변수와 함께 해당 변수의 '변화율'을 포함한 방정식이다. 모든 동역학계에는 (시간에 따른) 변화를 기술하고 예측할 수 있는 미분 방정식 집합이 있고, 이러한 방정식은 수학 모델의 기초가 된다. 150쪽에 소개한 로렌츠 끌개를 만드는 방정식도 미분 방정식이다.

실제 세계를 컴퓨터로 시뮬레이션할 때는 흔히 복잡한 시스템을 요소(또는 볼륨)라고 부르는 작은 부분으로 나누고, 각 요소가 이웃 요소와 어떻게 상호 작용하는지를 컴퓨터가 계산하도록 한다. 이 접근법은 유체의 거동을 기술하는 모델에서 특히 유용하다(p.190 참조). 분자동역학에서는 이와 유사한 접근법으로 물질을 구성하는 개별 원자 또는 분자의 상호 작용을 모델링하고, 이를 통해 물질의 집단 거동을 시뮬레이션한다. 이렇게 함으로써 화학자는 화학 반응의 메커니즘을 이해할 수 있고, 분자생물학자는 단백질과 같은 생체 분자가 어떻게 상호 작용하는지 알아낼 수 있다(p.162 참조). 인간이나 동물의 행동을 모델링할 때도 유사한 접근법을 이용할 수 있다. 예컨대 '행위자 기반 모형'이라고 부르는 모델에서는 수많은 가상의 행위자(agent)들을 설정한다. 연구자들은 각 행위자에 데카르트 공간상의 위치를 지정하고 간단한 목표(음식, 에너지, 안전한 곳 찾기 등)와 피해야 할 문제(장애물, 온도 등)를 부여한다. 이러한 시뮬레이션 결과로 도출되는 집단행동을 통해 질병의 전염이나 무리 짓기 등 인간과 동물의 행동(p.170~171 참조)을 연구할 수 있다.

우주 탐사선 머큐리 오비터의 예상 궤도

NASA 과학작업팀, 1991년

······

아래 그림은 수성으로 향하는 우주 탐사선, 가칭 머큐리 오비터(Mercury Orbiter)의 예상 궤도를 그린 것으로, NASA의 한 연구팀이 컴퓨터로 작성했다. 이 컴퓨터에는 뉴턴의 만유인력 법칙과 운동 법칙, 태양계 내부 행성들의 운동에 관한 정보가 프로그래밍되어 있었다. NASA는 머큐리 오비터를 실제로 발사하는 대신 그 궤도 계획을 다른 탐사선인 메신저호에 맞게 수정했다. 메신저호는 2004년에 발사되어 2011년부터 2014년까지 수성 궤도를 돌았다.

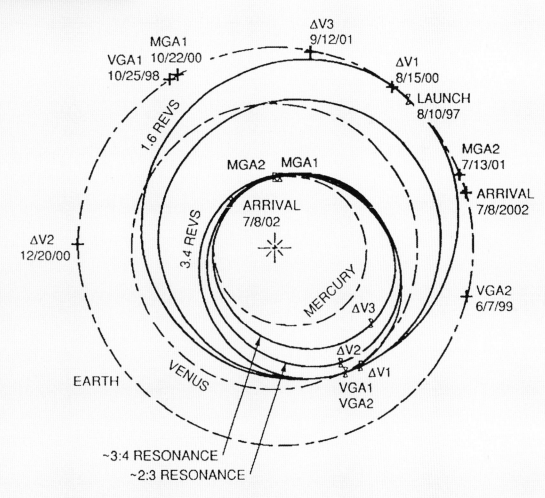

전기장 시뮬레이션

카를 프리드리히 가우스(1835년) 이후

....

전하를 띤 물체 사이에 서로 당기거나 밀어내는 힘을 전달하는 전기장은 크기(세기)와 방향으로 정의되는 벡터장(vector field)이다. 1835년에 수학자 카를 프리드리히 가우스(와 그 이전에 조제프-루이 라그랑주)가 도출한 가우스의 법칙을 적용하면 공간의 어떤 점에서든 전하가 만드는 전기장을 예측할 수 있다. 오른쪽 이미지는 가우스의 법칙 공식을 사용한 컴퓨터 프로그램으로 서로 다른 전하를 띤 두 물체(위)와 같은 전하를 띤 두 물체(아래) 주위의 전기장을 시각화한 것이다. 전기장의 방향(양의 시험 전하가 끌리는 방향)은 녹색 화살표로, 전기장의 세기는 밝기로 표현했다.

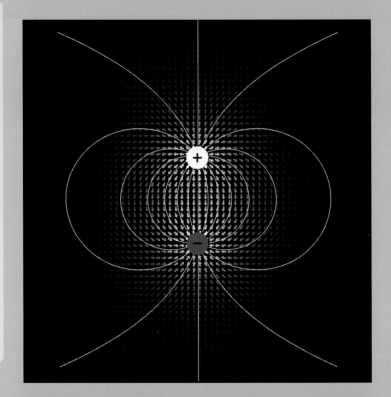

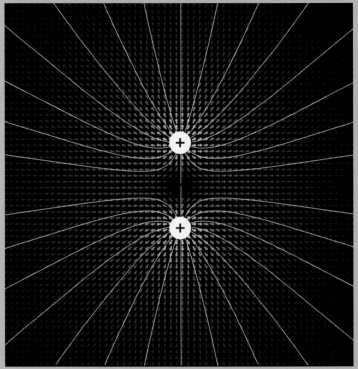

로지스틱 맵의 분기 다이어그램

로버트 메이(1976년)[4] 이후

....

1970년대에 수리생물학자 로버트 메이는 동물의 개체 수가 여러 세대에 걸쳐 어떻게 증가하는지를 계산하는 간단한 대수 함수를 고안했다. 초기 개체 수는 최댓값의 절반인 0.5이고,* 함수에는 증가율(*r*)이 매개변수로 작용한다. 수천 세대가 지난 후 증가율에 따른 개체 수(*x*)를 도표에 나타내 보면 '로지스틱 맵(logistic map, 병참본뜨기)'이라고 하는 아래와 같은 그래프가 만들어진다. 여기에는 표시되지 않았지만, 증가율이 2일 때(*r*=2) 암수한 쌍이 자손을 두 마리씩 낳고 개체 수는 0.5로 일정하게 유지된다. 역시 여기에는 표시되지 않았지만, 증가율이 1보다 작으면 개체 수는 0으로 감소한다. 증가율이 1~3 사이일 때는 여러 세대가 지난 후 개체 수가 특정 값에 수렴(그래프가 한 줄)한다. 그런데 증가율이 3을 넘어서면 개체 수가 두 값 사이를 주기적으로 오르내리다가(진동하다가) 그래프가 두 갈래로 나뉜다. 그러다 증가율이 3.4를 넘으면 그래프가 또다시 갈라지는데, 이를 '분기(bifurcation, 쌍갈래질)'라고 한다. 이제 개체 수는 네 개의 값 사이에서 진동한다. 일부 범위에서는 개체 수가 특정 값으로 수렴하지 않고 카오스적인 패턴을 보인다. 다만 이 범위에서도 개체 수가 안정적으로 유지되는 '안정성의 섬(island of stability)'이 나타난다. 메이의 방정식과 이 방정식을 반복적으로 수행했을 때(여러 세대를 거쳤을 때) 만들어지는 그래프는 간단한 모델에서 아주 복잡한 동역학적 결과가 도출되는 카오스 이론을 잘 보여 준다.

* 실제 자연에는 서식 환경에 제한이 있을 수밖에 없으므로 개체 수가 무한히 증식하지 않는다. 따라서 제한된 환경에서 살 수 있는 최대 개체 수를 1이라 하고, 각 경우의 개체 수는 최댓값 1에 대한 비율로 표시한다.

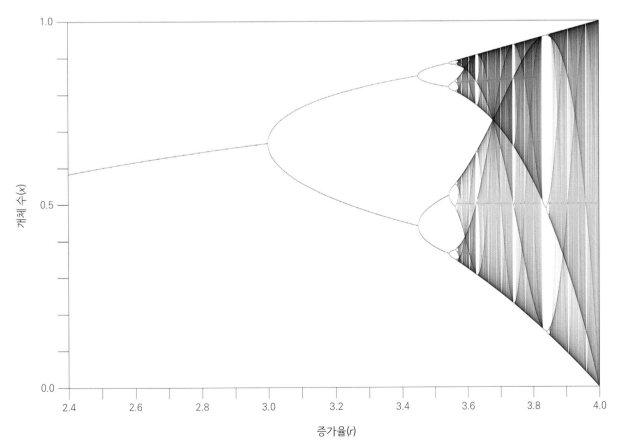

슈뢰딩거 파동 방정식

에르빈 슈뢰딩거(1926년) 이후

1926년, 물리학자 에르빈 슈뢰딩거는 양자물리학의 핵심이라고 할 수 있는 중요한 방정식을 도출했다. 바로 특정한 시간과 공간에서 입자를 발견할 확률(p.141 참조)을 결정하는 대수 함수인 '파동 함수'를 구하는 방정식이다. 슈뢰딩거는 이 방정식을 이용해 수소 원자 안에 있는 전자의 파동 함수를 구했다. 슈뢰딩거 방정식을 풀면 해가 여러 개 나오는데, 각각의 해는 전자의 특정 상태를 나타낸다. 해는 에너지(n)와 각운동량(l)과 관련 있는 양자화된(연속적이지 않은) 값들의 조합으로 이루어지며, 이 두 가지 양자수는 전자가 어떤 지점에 존재할 확률의 공간적 분포, 즉 오비탈(orbital)을 결정한다. 각각의 오비탈은 고유한 n과 l 값의 쌍으로 표현된다. 여기서 n 값은 숫자로 표시하고, 에너지 준위를 나타낸다. l 값은 s, p, d, f의 네 가지 문자 중 하나로 표시하며, 오비탈의 모양을 결정한다. 여기 소개한 이미지는 슈뢰딩거 방정식으로 구한 오비탈을 컴퓨터로 시각화한 것이다. 밝기가 밝을수록 그곳에서 전자가 발견될 확률이 높다는 뜻이고, 색상은 파동의 각기 다른 위상을 나타낸다.

1s

2p

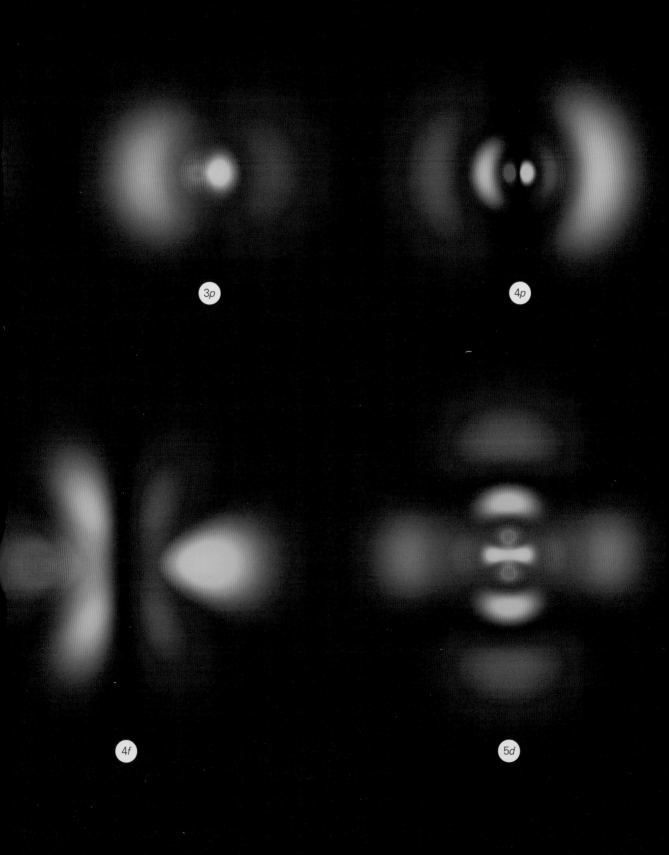

3p

4p

4f

5d

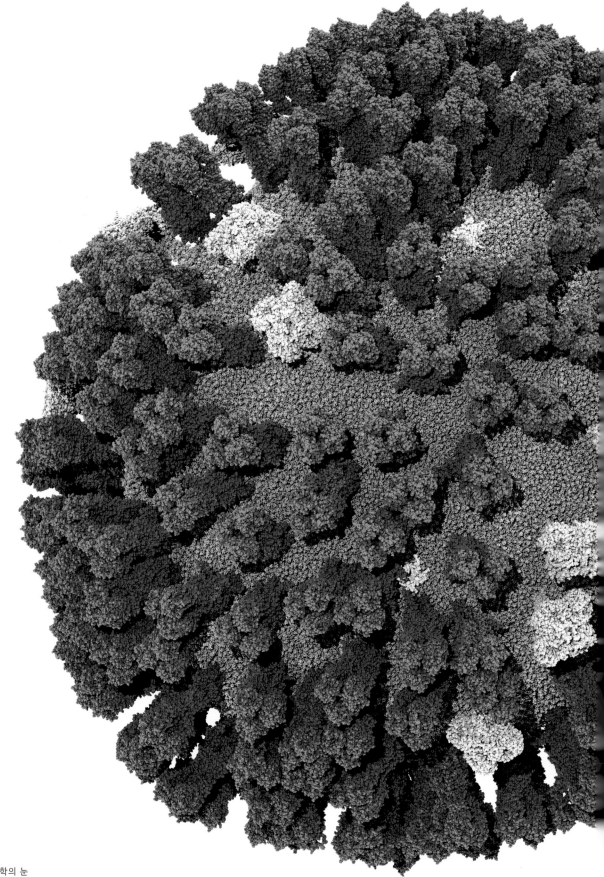

H1N1 바이러스의 분자동역학 모델
아마로 연구실, 2015년[5]

이것은 인플루엔자 바이러스 중 하나인 H1N1의 분자동역학 시뮬레이션으로 얻은 이미지다. 2009년 돼지 독감과 1918년 스페인 독감의 원인이었던 H1N1 바이러스 변종은 수천만 명의 목숨을 앗아갔다. 이 이미지를 생성한 동역학 모델에는 수억 개의 원자가 담겨 있으며, 시뮬레이션은 슈퍼컴퓨터로 실행했다. 놀랍도록 상세한 이 '정지' 이미지에 담을 수 없는 게 있다면 아마도 분자동역학 시뮬레이션의 가장 중요한 특징인 원자와 분자의 '움직임(동역학)'일 것이다. 연구자들은 이 같은 시뮬레이션을 통해 바이러스를 무력화하는 면역 체계 분자의 작용을 연구할 수 있으며, 질병을 퇴치할 새로운 방법을 개발하고 시험해 볼 기회를 얻게 된다.

미세소관의 분자동역학 모델

데이비드 웰스, 알렉세이 악시멘티예프,
2010년[6]

미세소관은 진핵세포(식물, 동물, 균류의 세포)에서 볼 수 있는 매우 가는 섬유(필라멘트)로, 세포의 모양을 결정하는 역할을 한다. 세포 주위에 그물망을 형성해 단백질이 이동할 수 있게 하고, 세포 분열 시에 딸세포를 서로 반대 방향으로 끌어당겨 양분하는 역할도 한다. 이 이미지는 미세소관의 기계적 유연성을 계산하기 위해 설계한 분자동역학 시뮬레이션으로 얻은 것이다. 미세소관의 크기(약 0.002mm)가 워낙 작아서 물리적으로는 구현할 수 없는 일이다. 미세소관 필라멘트는 알파 튜불린과 베타 튜불린이라는 두 종류의 단백질로 이루어진 고분자인데, 여기서는 각각 주홍색과 파란색으로 표시했다. 이 모델에는 미세소관뿐 아니라 수천 개의 물 분자(작은 빨간색과 흰색 알갱이)도 포함되어 있다.

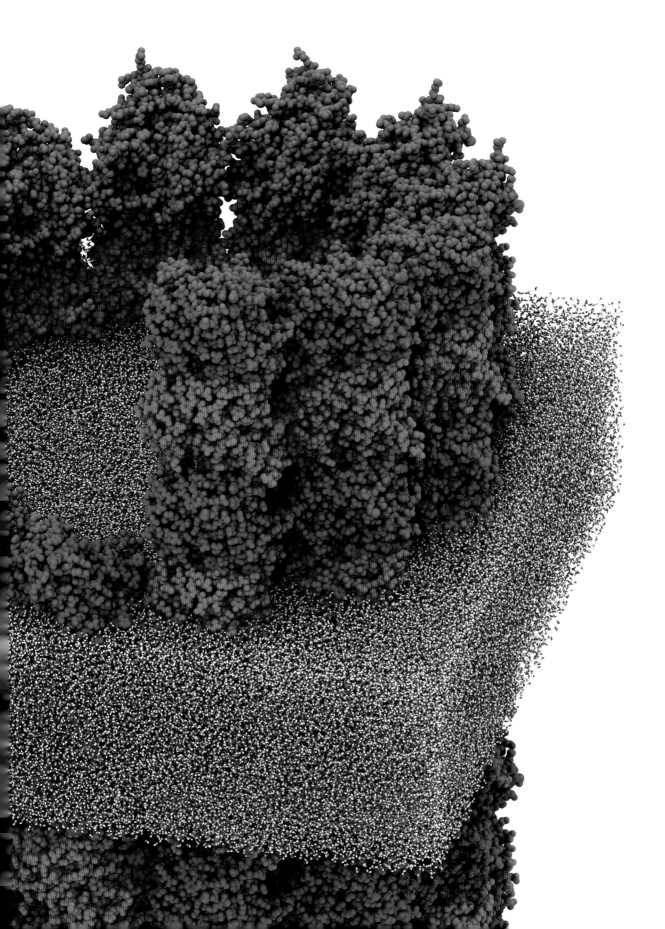

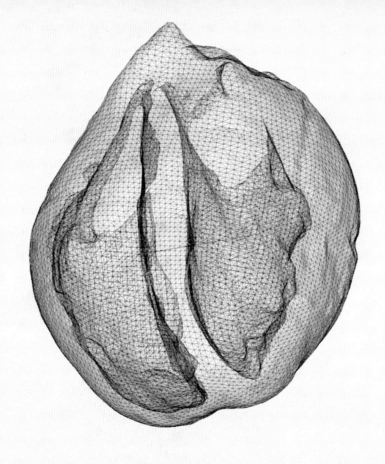

컴퓨터 심장

기예르모 마린 등, 바르셀로나슈퍼컴퓨터센터,
2012년

과학자들은 고해상도 자기공명영상(MRI)으로
얻은 매우 상세한 3차원 심장 모델을 이용해
컴퓨터 심장 모델을 만들기 시작했다. 위 이
미지는 알리야 레드(Alya Red)* 프로젝트의 결
과물 중 하나로, 바르셀로나슈퍼컴퓨터센터

와 스타트업 회사인 ELEM바이오테크의 컴퓨
터 프로세서 1만 대에서 동시에 시뮬레이션해
얻은 것이다. 연구진은 '유한 요소' 접근법을
이용해 40만 개 이상의 사면체 요소로 구성
된 심장 모델을 만들었다. 이 모델 시뮬레이
션의 전반적인 목표는 심장에 관한 과학적 이
해를 높이고, 심장 질환 진단법을 개선하며,
신약을 개발하고 시험하는 것이다.

* 인간의 심장을 시뮬레이션하기 위해 출범한 프로젝트
로, 이 이미지는 토끼의 심장 모델이다.

컴퓨터 심장: 근섬유

기예르모 마린 등, 바르셀로나슈퍼컴퓨터센터,
2012년

심장의 핵심적인 특징 중 하나는 근육 섬유의
배열이다. 전기 신호는 이들 근섬유를 가로지
르는 것보다 섬유를 따라 이동할 때 훨씬 빠
르게 전달되며, 섬유가 꼬이고 휘어지는 형태
는 올바른 '펌핑 프로필(pumping profile)'을 생
성하는 데 매우 중요하다. 근섬유의 상세한
배열은 확산텐서영상(DTI)을 통해 확인할 수
있다(2부 참조). 과학자들은 전기 신호와 펌핑
프로필을 정확하게 시뮬레이션하기 위해 이
같은 배열 정보를 모델에 적용했다. 아래 이
미지 역시 알리야 레드 프로젝트의 결과물 중
하나다.

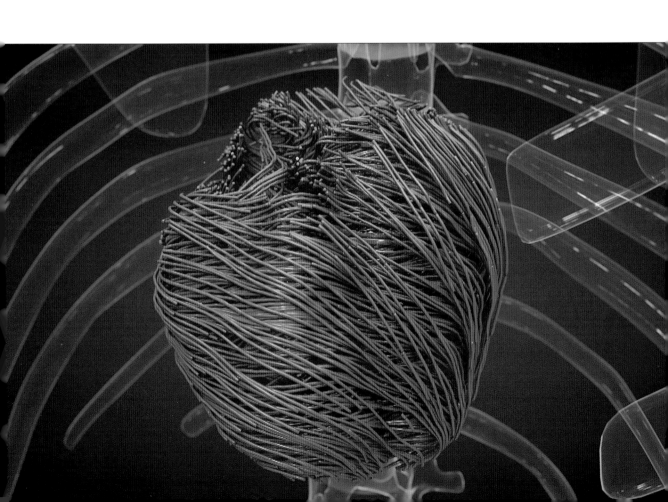

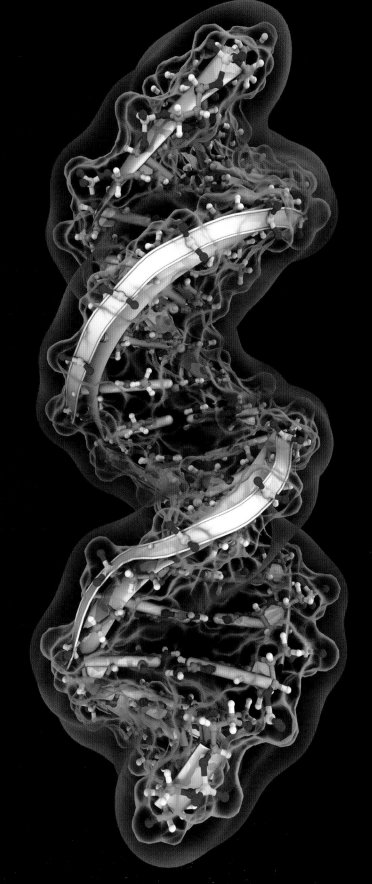

DNA에 영향을 미치는 이온의 시뮬레이션 이미지

댄 로(유타대학교)[7], 안토니오 고메스와
앤 보웬(텍사스첨단컴퓨팅센터), 2013년

세포 안에는 수분이 많고, DNA는 그 속에서
이온(전하를 띤 원자 또는 원자단)에 둘러싸여 있
다. 주변 이온의 전자 밀도에 따라 DNA의 모
양이 달라지는데, 이는 잠재적으로 결정적이
고도 중요한 결과를 만들어 낸다. 이 이미지
는 2만 번의 타임스텝(timestep)에 걸쳐 실행
한 분자동역학 시뮬레이션으로 얻은 것이다.
각 타임스텝은 1초보다 훨씬 짧은 간격으로
설정되며, 컴퓨터는 그 순간에 분자가 받는
힘을 기반으로 각 분자의 위치를 계산하고 업
데이트한다. 텍사스첨단컴퓨팅센터의 슈퍼컴
퓨터에서 필수 프로그램을 동시에 실행함으
로써, 시뮬레이션 시간이 며칠에서 단 몇 분
으로 줄어들었다.

속도(μm/s)

-1.200e+01   -5.000e+00

종양의 시뮬레이션 이미지

압둘 말미-카카다8(텍사스대학교
오스틴캠퍼스), 앤 보웬(텍사스첨단컴퓨팅
센터), 2017년

모든 생물학적 구조체는 반복적인 세포 분열
을 통해 세포가 증식함으로써 성장한다. 종양
역시 세포 분열과 세포 사멸의 속도, 세포 간
의 접착력 등 여러 요인에 의해 발달 양상이
결정된다. 이를 연구하기 위해 텍사스대학교
의 과학자들은 성장하는 종양을 시뮬레이션
했다. 이 이미지는 약 1만 개의 세포로 구성된
가상의 종양 단면이다. 중앙의 세포와 주변
세포의 움직임을 비교할 수 있게끔 종양을 (가
상으로) 반으로 가른 상태를 보여 준다. 각 세
포는 화살표 방향으로 자라나며, 색상은 세포
가 분열해 성장하는 속도(빨간색이 가장 빠르다)
를 나타낸다.

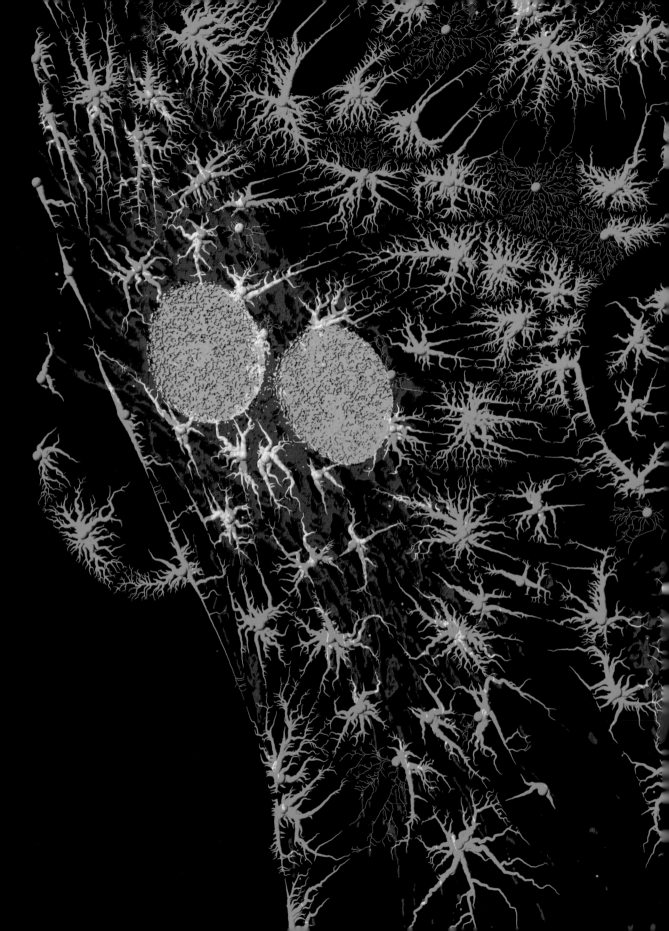

3차원 모델로 시각화한 소의 세포
하이티 파베스, 2011년

이 이미지는 소의 세포를 촬영해 얻은 3차원 모델을 시각화한 것이다. 3차원 모델은 공초점현미경*으로 촬영한 많은 2차원 절편(slice)으로 구축했다. 각 2차원 절편에는 형광 표지자(1부 참조)를 사용해 세포의 특정 부분을 강조했다. (핵을 이루는 물질은 파란색, 미토콘드리아는 빨간색, 미세섬유는 녹색이다.) 디지털 사진의 2차원 공간이 수천 또는 수백만 개의 픽셀로 구성되는 것처럼, 컴퓨터 메모리 내의 3차원 가상 공간은 수백만 개의 복셀로 이루어진다. 이 이미지는 컴퓨터를 이용해 만든 모델일 뿐, 시뮬레이션은 아니다. 실제 시스템을 수학적으로 표현한 것이 모델이라면, 시뮬레이션은 모델에 설정된 임무를 '수행'해야 한다.

* 특수한 여과기(pinhole)를 사용해 초점 거리에 일치하는 광학 영상만을 선택적으로 얻는 현미경. 초점이 맞지 않은 곳의 빛은 여과기가 차단하므로 광학 영상의 해상도가 높고, 초점 거리를 일정하게 변화시키면서 광학 영상을 얻는 과정을 반복해 3차원 영상을 얻을 수도 있다.

보이드 무리 짓기 시뮬레이션

크레이그 레이놀즈, 1987년[9]

컴퓨터로 구현하는 수학적 모델링의 흥미로운 결과 중 하나는 창발(emergence)이다. 이는 행위자 기반 모형이라는 모델에서 간단한 행동 규칙을 부여받은 개체(행위자)들이 보여주는 집단행동 현상을 말하는데, 무리 짓기는 창발적 행동의 전형적인 예다. 무리 짓기 시뮬레이션의 선구자는 1980년대에 보이드(Boids, bird-oids의 줄임말로 새와 비슷하다는 뜻)라는 컴퓨터 프로그램을 개발한 크레이그 레이놀즈다. 보이드 프로그램은 각 행위자에 데카르트 공간상의 초기 위치와 초기 속도를 할당하고, 많은 횟수의 타임스텝으로 시뮬레이션을 실행한다. 각 행위자는 타임스텝마다 이동속도와 방향을 조정하는데, 이는 무리 안에서 인근 행위자들의 행동을 고려해 결정된다. 보이드는 영화의 특수 효과와 컴퓨터 게임 등 다양한 분야에 활용되고 있다.

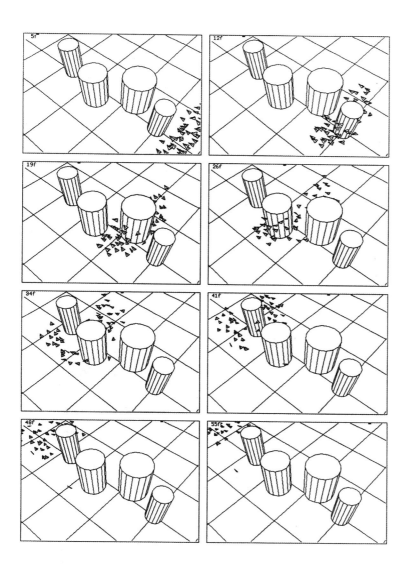

코로나19 역학 시뮬레이션

R. 힌치, W.J.M. 프로버트, K. 벤틀리 등,
2021년[10]

수학적 모델링은 오늘날 공중 보건 정책에서 활용도가 높아지고 있으며[11], 특히 잠재적으로 혹은 실제로 유행병이 발생하는 시기에 매우 유용하다. 아래 그래프는 국제 학제 간 연구팀이 개발한 OpenABMCovid19라는 행위자 기반 모형의 시뮬레이션 결과를 바탕으로 만든 것이다. 이 모델은 대도시에 거주하는 100만 명의 (가상) 인구로 구성되며, 다양한 특징을 보이는 활동 양식에 맞게 초기 조건을 변경할 수 있다. 연구팀은 코로나19 유행에 따른 2020년 봉쇄 전후 영국 인구의 전형적인 접촉 패턴과 일치하는 초기 조건을 적용하여 시뮬레이션을 실행했다. 파란색 선은 인구를 5600만 명으로 확대하여 50회 시뮬레이션한 결과를 나타내며, 주황색 점은 대유행 당시 영국에서 집계된 실제 수치다. (네 번째 그래프의 혈청유병률은 인구의 혈청 내 SARS-CoV-2 바이러스의 유행률이다.)

- 실제
- 시뮬레이션

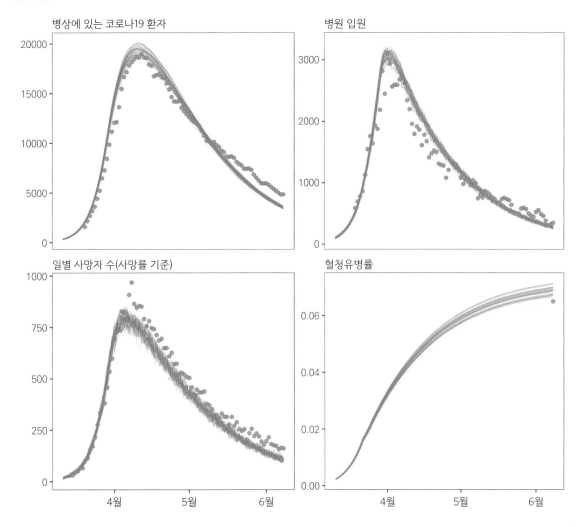

소행성 충돌 시뮬레이션

프란체스카 샘셀, 데이비드 호네거 로저스,
존 M. 패칫, 캐런 차이, 2017년[12]

바다에 떨어지는 중간 크기 소행성을 시뮬레이션한 결과는 (컴퓨터 수학 모델이 대개 그렇듯이) 3차원 데이터 세트로 출력된다. 그리고 각 데이터 값은 가상의 3차원 데카르트 공간의 작은 복셀들에 할당된다. 이 시뮬레이션에서는 온도, 수분 함량, 소행성 물질의 양을 나타내는 값을 각 복셀에 할당했으며, 이 값들은 시간에 따라 달라진다. 이를 시각화하는 작업자는 3차원 데이터를 2차원으로 투영한 이미지를 만들어 내는데, 이 과정에서 볼륨 렌더링(3차원 물체의 내외부를 미소한 정육면체나 미립자로 표현하는 모형화 기법)이라는 기법을 사용한다. 볼륨 렌더링으로 이미지를 생성하는 컴퓨터는 시선이 향하는 방향을 따라 3차원 복셀의 값을 기반으로 2차원 픽셀의 전체 색상 값을 계산한다. 이때, 각 복셀의 세 가지 항목 값에 색상 불투명도를 다르게 설정하면 같은 장면에 대해서도 다양한 시각적 효과를 낼 수 있다. 이 이미지는 복셀의 세 가지 항목에 같은 가중치를 부여한 것으로, 충돌 주변 지역에서 소행성 물질이 물과 섞이는 양상과 온도를 색상으로 쉽게 알아볼 수 있다.

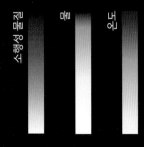

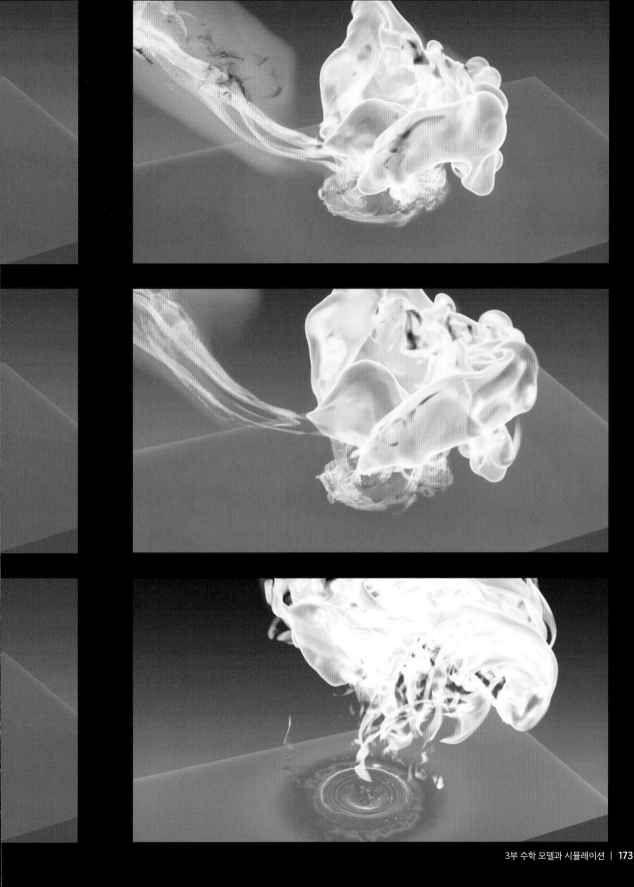

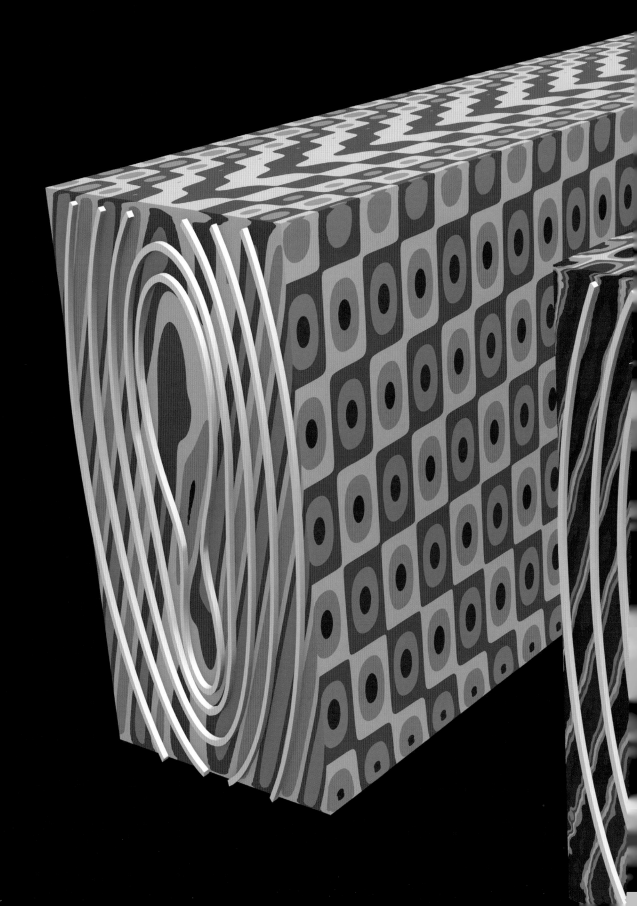

토카막 내 도넛형 플라스마 전류 시뮬레이션

웬델 호턴과 리 레너드(텍사스대학교 오스틴 캠퍼스), 그레그 포스(텍사스첨단컴퓨팅센터), 2018년[13]

핵융합 반응은 태양 활동의 원동력이다. 지구에서 지속적인 핵융합을 일으키는 것은 많은 핵과학자의 꿈이다. 실현할 수만 있다면 독성 폐기물도, 탄소 발자국도 거의 남기지 않으면서 무한에 가까운 에너지를 얻게 될 것이다. 현재 핵융합을 실현할 가장 유망한 방법은 토카막(tokamak)이라고 부르는 도넛형(toroidal) 용기 안에 강력한 자기장에 의한 융합 반응으로 발생하는 플라스마를 가두는 것이다. 여기 소개한 두 이미지는 토카막 내부 상태를 시뮬레이션해 얻은 것이다. (도넛형 용기는 직육면체로 변형했다.) 왼쪽 이미지는 반응이 일어나는 플라스마를 가열하는 강력한 전파가 배열된 모습이고, 오른쪽은 플라스마 내의 전자 밀도를 보여 준다. 두 이미지에서 흰색 등고선은 플라스마를 가두고 있는 자기장을 나타내며, 상단 부분은 반응이 일어나는 곳이고 하단은 불순물을 제거하는 곳이다.

남극 빙상의 유동 시뮬레이션

빙권과 해양 시각화 프로젝트, 2020년[14]

이 이미지는 바다를 향해 흘러내리는 가상의 남극 빙하를 시뮬레이션해서 얻은 것이다. 빙하가 정지한 상태를 나타내는 짙은 회색부터 하루에 10m를 흘러내리는 경우를 나타낸 주황색까지, 빙하가 움직인 속도를 색상으로 알아볼 수 있다. 빙하의 상태는 기후의 장기적 변동을 추정하는 데 중요한 지표가 된다. 이 시뮬레이션에는 E3SM(Energy Exascale Earth System Model)의 일부인 MALI(MPAS-Albany Land Ice) 모델이 사용되었다. E3SM은 미국 에너지부의 기후 연구 프로젝트로, 슈퍼컴퓨터가 초당 10^{18}개 이상의 연산을 수행하는 엑사스케일(exascale)로 설계된 모델이다. 그중 하나인 MALI는 빙하를 시뮬레이션하는 모델이다. 과학자들은 이 같은 빙상 거동 시뮬레이션을 통해 지구 온난화로 인한 해수면 상승과 해류의 붕괴를 예측하고 이해하는 데 도움을 얻는다.

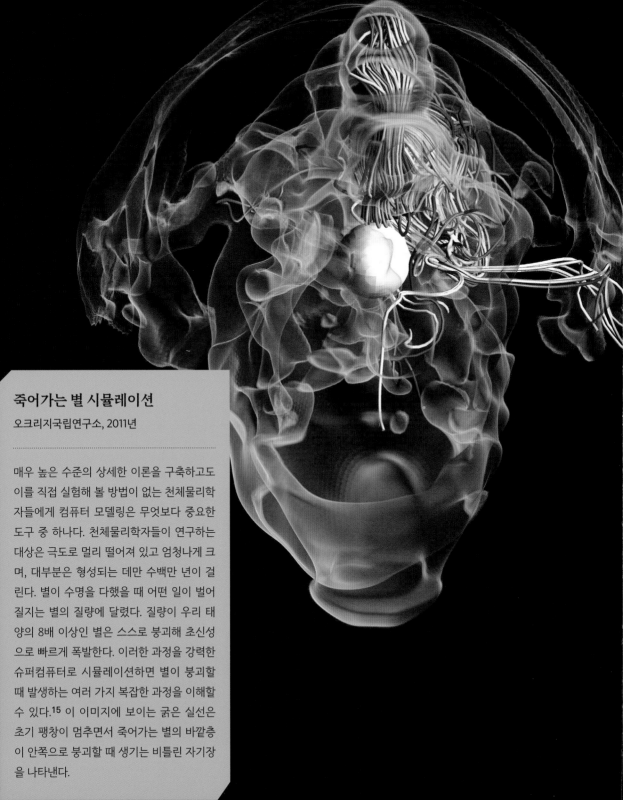

죽어가는 별 시뮬레이션

오크리지국립연구소, 2011년

매우 높은 수준의 상세한 이론을 구축하고도 이를 직접 실험해 볼 방법이 없는 천체물리학자들에게 컴퓨터 모델링은 무엇보다 중요한 도구 중 하나다. 천체물리학자들이 연구하는 대상은 극도로 멀리 떨어져 있고 엄청나게 크며, 대부분은 형성되는 데만 수백만 년이 걸린다. 별이 수명을 다했을 때 어떤 일이 벌어질지는 별의 질량에 달렸다. 질량이 우리 태양의 8배 이상인 별은 스스로 붕괴해 초신성으로 빠르게 폭발한다. 이러한 과정을 강력한 슈퍼컴퓨터로 시뮬레이션하면 별이 붕괴할 때 발생하는 여러 가지 복잡한 과정을 이해할 수 있다.[15] 이 이미지에 보이는 굵은 실선은 초기 팽창이 멈추면서 죽어가는 별의 바깥층이 안쪽으로 붕괴할 때 생기는 비틀린 자기장을 나타낸다.

**태양 코로나의 자기 구조
시뮬레이션**

이리나 키티아슈빌리, 티머시 샌드스트롬,
NASA/에임스, 2019년

태양의 바깥 대기층인 코로나는 알 수 없는
이유로 광구(눈에 보이는 태양 표면)보다 훨씬 더
뜨겁다. 이 이미지는 한 변이 약 1만 1,000km
이고, 깊이가 약 1만 km인 직육면체 형태로
가상의 코로나를 시뮬레이션해 얻은 것으로,
코로나를 위에서 내려다본 모습이다. 색상
은 온도를 보여 주는데, 빨간색 부분의 온도
는 100만 ℃이다. 이 시뮬레이션은 자기장과
유체(이 경우 플라스마) 사이의 상호 작용을 연
구하는 분야인 자기유체역학을 바탕으로 수
행되었다. 이미지에서 눈에 띄는 밝은 노란색
구조물은 코로나 아래 자기장의 작은 변화로
인해 생겨났으며, 코로나 내 (가상) 입자들의
움직임 때문에 더욱 도드라져 보인다.

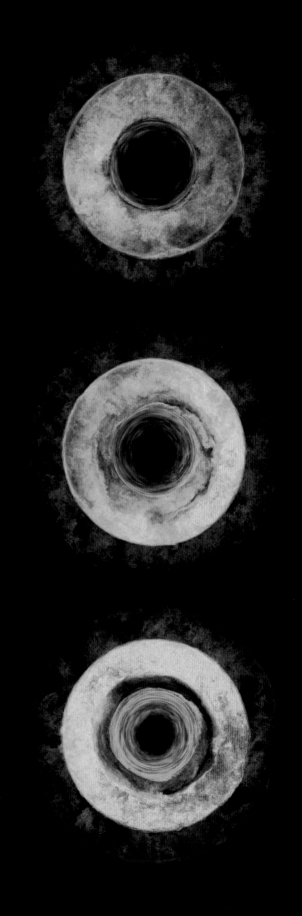

태양 질량의 45배인 항성종족-3 별의 수소 흡입 시뮬레이션

폴 우드워드, 후아칭 마오, 팔크 헤르비히,
온드레아 클락슨, 2019년[16]

천문학자들은 우주 탄생 초기에 생성되었을
것으로 추정되는 별을 항성종족-3(population
III)으로 분류한다. 이 별들 안에서 탄소, 산소
와 다른 많은 원소가 처음 만들어졌다. 여기
소개한 아름다운 이미지는 항성종족-3에 속
하는 별 내부에서 일어나는 에너지 과정을 시
뮬레이션해서 얻은 것이다. 수소 흡입 발화
(hydrogen ingestion flash)라고 부르는 이 과정
에서 기체의 대류 영역으로 수소 기체가 빨
려 들어가면서 높은 온도에서 급격하고 격렬
하게 핵융합이 일어난다. 이미지의 색상은 별
내부 기체의 소용돌이도(소용돌이 운동의 세기와
축 방향을 나타내는 스펙트럼)를 나타낸다. 진한
파란색은 소용돌이도가 낮은 부분이고, 흰색
과 노란색을 거쳐 빨간색 부분이 가장 소용돌
이도가 높다. 정교한 색상 선택과 상세한 표
현 덕분에 이미지가 더욱 흥미롭다. (시뮬레이
션은 560억 개 이상의 복셀로 구성된 가상의 큐브에
서 이루어졌다.)

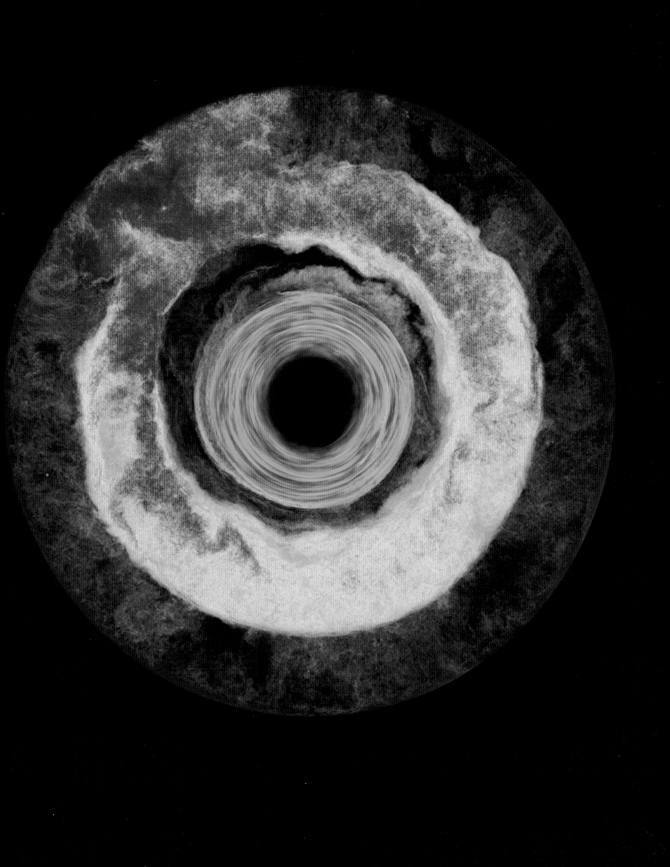

깊이 들여다보기: 충돌하는 은하

은하는 대개 가스와 먼지, 별과 행성이 모여 거대한 구조를 이루며, 일반적으로 은하끼리는 수백만 광년씩 떨어져 있다. 그런데도 은하들은 서로의 중력에 의해 상호 작용하며 은하군(group)이나 은하단(cluster) 같은 무리를 이루고, 때로는 충돌하기도 한다. 하지만 별들은 서로 아주 멀리 떨어져 있어서 두 은하가 포개진다 해도 실제로 물리적으로 충돌하는 별은 거의 없다. 그 대신 대형 은하 두 개가 충돌하면 물질이 서로 뒤섞이고, 가스와 먼지 안의 압축파가 새로운 별을 형성한다. 연구에 따르면 대형 은하는 대부분 적어도 한 번의 합병을 겪으며 '스타버스트(starburst)'라는 격렬한 별 형성기를 거쳤다고 한다.[17] 초기 우주의 은하는 대부분 불규칙한 모양이었지만, 현재는 대다수가 거대한 나선은하이며, 이들은 밀도가 높은 중심부를 향해 '떨어지는' 중력에 의해 회전하고 있다. 나선은하가 충돌하면 보통 타원형이나 불규칙한 모양의 은하가 만들어진다. 은하가 어떻게 충돌하는지 이해하는 것은 은하와 우주 전체의 진화 과정을 아는 데 매우 중요하다.

우리은하는 지금도 이웃의 작은 은하인 궁수자리 왜소은하와 충돌하고 있으며, 약 45억 년 후에는 현재 250만 광년 떨어진 안드로메다은하(p.26~27 참조)와 충돌할 것이다. 2008년에 허블우주망원경이 촬영한 이미지를 조사했더니 먼 은하들의 충돌 사례가 거의 60건 기록되었는데, 모두 각기 다른 시기의 상호 작용 단계를 포착한 스냅사진이었다. 은하 충돌은 초기 우주에서 훨씬 더 흔하게 일어났고, 2021년에 발사한 제임스웹우주망원경은 초기 우주에서 발생한 수많은 충돌을 밝혀낼 것이다. (망원경으로 더 멀리 바라보는 것은 실제로 더 먼 과거를 보는 것과 같다. 빛이 우리에게 도달하는 데 시간이 걸리기 때문이다.)

일반적으로 은하 충돌 과정은 수억 년이 걸리므로 천문학이나 천체물리학 연구자들이 직접 관찰하는 것은 불가능하다. 설사 관찰할 수 있다 하더라도 충돌하는 은하와 상호 작용하며 실험을 진행할 수는 없을 것이다. 그렇지만 컴퓨터 시뮬레이션은 이를 가능하게 한다. 연구자들은 은하 간 충돌이 어떻게 일어나는지 다양한 각도와 속도로 시뮬레이션한다. 그리고 시뮬레이션 결과를 실제 충돌하는 은하의 이미지와 비교함으로써 이론 모델을 개선하고, 이를 통해 실제 은하의 구조와 진화 양상을 한층 더 이해하게 된다.

은하 충돌: 실제와 시뮬레이션

F. 서머스, C. 미호스,
L. 헤른퀴스트, 2015년[18]

은하 충돌에 관한 이론 모델이 타당한지 검증하려면 해당 모델로 시뮬레이션을 실행해 그 결과를 실제 관측 이미지와 비교해 보는 것이 가장 좋다. 183쪽의 각 이미지 쌍에서 왼쪽은 충돌 시뮬레이션으로 얻은 이미지이고, 오른쪽은 허블우주망원경으로 촬영한 실제 은하 충돌 이미지다.

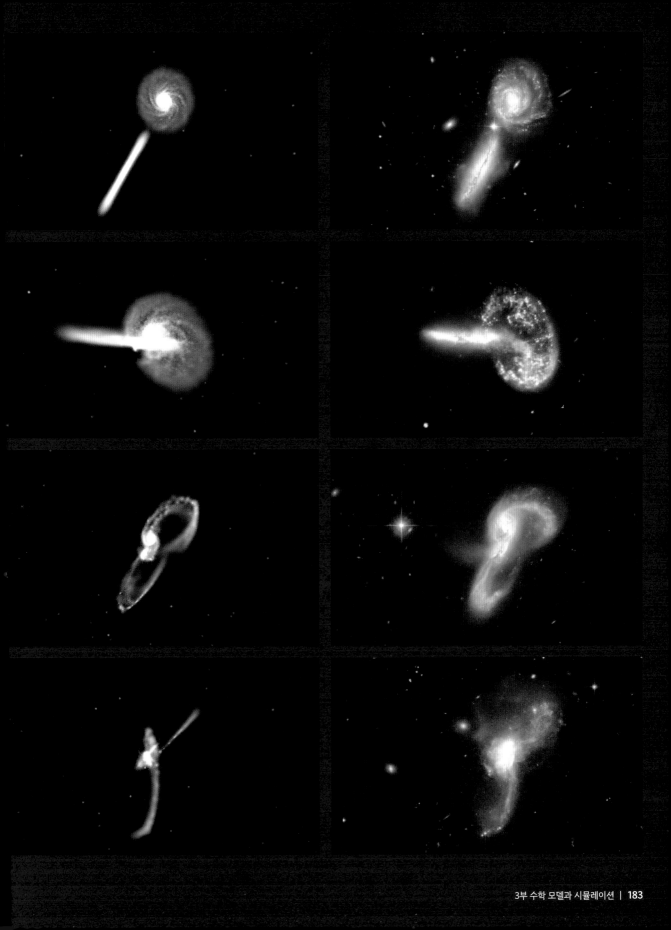

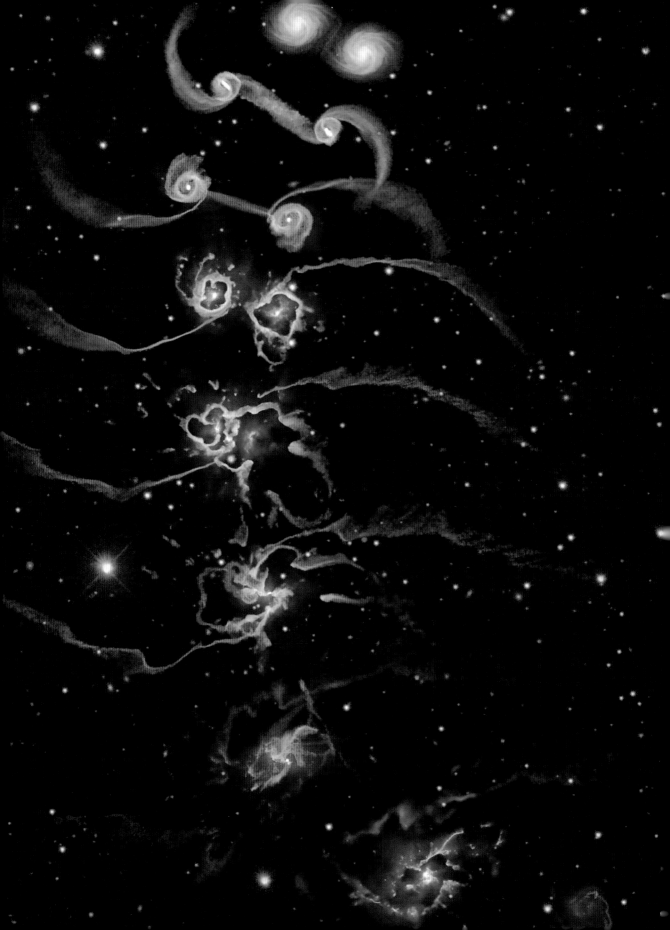

은하 합병 시뮬레이션

티치아나 디 마테오,
폴커 슈프링겔, L. 헤른퀴스트,
2005년

위에서 아래로 이어지는 이
이미지는 초대질량 블랙홀을 가진
두 은하의 합병 과정을 여러 단계로
시각화한 것이다. 두 은하는 한
번 충돌한 후 분리되었다가 다시
만나 합쳐진다. 중력에 의해 주변
물질이 중심부로 끌려 들어가면서
각 블랙홀이 커지고, 그 결과
엄청난 에너지가 방출되어 약 1억
년 동안 퀘이사가 만들어진다.
궁극적으로는 에너지 방출로
생성된 강력한 복사선이 가스를
은하계 밖으로 밀어냄으로써 두
개의 초대질량 블랙홀만 남아 있을
뿐 다른 것은 거의 없는 불규칙한
모양의 은하가 남는다.

은하 충돌 시뮬레이션에서 별은 데카르트 공간상의 점으로 표현
되며, 컴퓨터는 타임스텝마다 별들의 움직임을 계산한다. 실제 은하
에서 각각의 별은 다른 별들과 중력으로 상호 작용하며 움직인다. 이
때문에 수천억 개의 별로 이루어진 대형 은하를 시뮬레이션하기는
굉장히 어렵다. 게다가 가스와 먼지의 중력 영향뿐 아니라, 자기력이
나 복사압 같은 다른 영향도 고려해야 한다. 여기에 한 은하가 다른
은하와 충돌하면 상황은 몇 배 더 복잡해진다. 그래서 가장 정확한
은하 충돌 모델조차도 꽤 단순화되어 있고, 그마저도 강력한 슈퍼컴
퓨터로만 실행할 수 있는 것도 어쩌면 당연하다.

이렇듯 한계가 있긴 해도 시뮬레이션은 은하의 충돌, 합병, 진화에
관한 천체물리학자들의 생각을 보여 주는 데 분명 도움이 된다. 예를
들어 초기 우주에서 어린 은하들은 대부분 막대한 물질이 중심을 향
해 떨어지면서 형성된 초대질량 블랙홀을 가지고 있었다. 블랙홀 주
변의 부착원반(p.58 참조)은 극도로 뜨거워져 밝게 빛나며 퀘이사(강
한 전파를 내는 준 항성체)라고 하는 일종의 '활동성 은하핵'이 된다. 과
학자들은 퀘이사에서 나오는 강렬한 복사선이 별의 재료가 될 가스
를 은하 밖으로 밀어내는 동시에 블랙홀의 성장을 제한하고, 퀘이사
를 점점 어둡게 함으로써 별의 형성을 조절한다고 오랫동안 추측해
왔다. 이 같은 추측을 증명하거나 반박할 한 가지 방법은 은하 충돌
시뮬레이션을 실행하는 것이다. 은하 충돌은 더 많은 물질이 모이면
서 블랙홀이 성장하는 원인이 되기 때문이다. 그리하여 2005년에 막
스플랑크천체물리학연구소와 하버드대학교의 과학자들이 그와 같
은 시뮬레이션을 실행해 다양한 크기의 은하와 블랙홀을 시험했다
(왼쪽 이미지 참조).[19]

과학자들은 각각의 초대질량 블랙홀을 다른 은하에서 더 많은 가
스를 흡수하면서 성장하는 큰 입자로 표현했다. 처음에는 각 은하의
중심으로 떨어지는 가스가 압축되어 별이 빠르게 형성되었다. 하지
만 나중에는 이 압축 때문에 블랙홀 주변으로 엄청난 양의 에너지를
방출하여 이론에서 예측한 대로 블랙홀 주변의 부착원반을 뜨겁게
달궜다. 시뮬레이션 결과, 블랙홀의 크기와 별이 형성되는 속도 및
분포 사이의 상관관계는 관측 결과와 거의 일치했다.

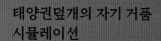

태양권덮개의 자기 거품 시뮬레이션

NASA/J.F. 드레이크, M. 스위스닥, M. 오퍼, 2011년

태양의 자기장은 자전의 영향으로 나선형으로 회전하며 퍼져 나가는데, 태양의 북극과 남극에서 서로 반대 방향으로 회전하여 두 개의 나선 모양을 이룬다. 이 자기장의 두 반쪽이 만나는 곳(태양의 적도 위)에서는 자기장이 나선형의 잔물결을 이루며 퍼져 나간다. 태양계 끝의 경계 지역인 태양권덮개(heliosheath, 헬리오시스)에 이르면 이 잔물결이 심우주에서 오는 성간풍(에너지 가득한 하전 입자)과 만나면서 속도가 느려지고 뭉쳐진다. 1977년에 지구를 떠난 두 대의 보이저 탐사선이 2011년에 보내온 데이터에 따르면, 태양권덮개에서 이 잔물결의 흐름이 정체되면서 자기장의 두 반쪽이 분리되고 카오스적인 '거품' 배열이 형성된다고 한다. 여기 보이는 신비로운 이미지는 이 가설을 확인하기 위해 수행한 시뮬레이션에서 얻은 것이다.

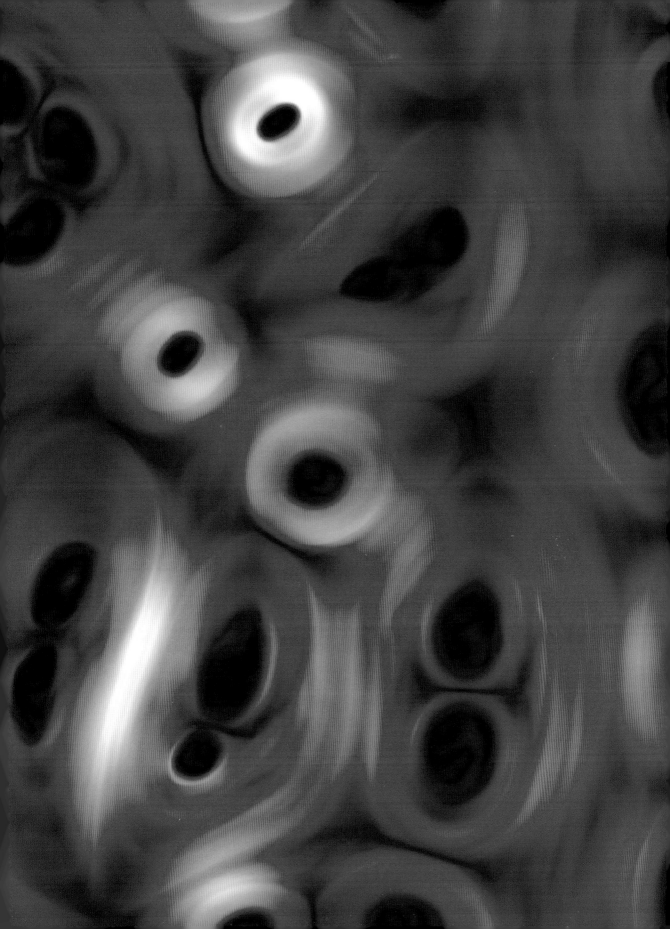

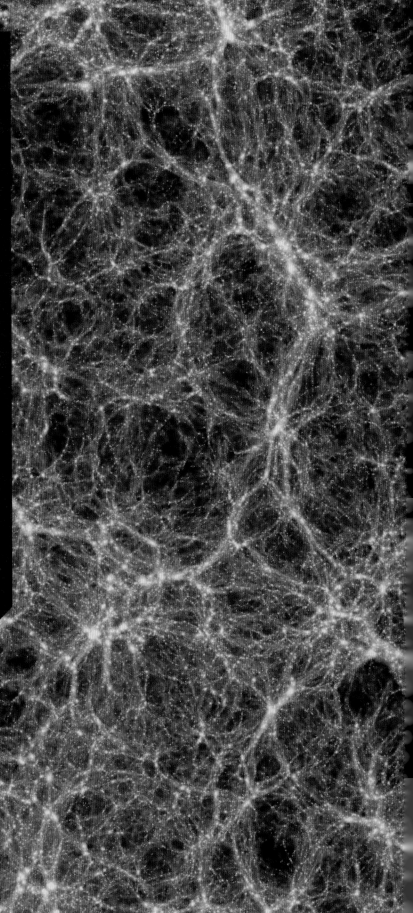

시뮬레이션으로 만든 암흑물질 밀도 지도

지에 왕, 소우낙 보스, 카를로스 프렌크 등,
2020년[20]

현대의 표준 우주 모형에 따르면 우주에 존재하는 물질은 대부분이 '암흑물질'이다. 암흑물질은 빛이나 다른 형태의 전자기 복사선과 상호 작용하지 않아서 중력의 효과로 그 존재를 짐작할 수 있을 뿐이다. 가령 은하 전체를 공처럼 둘러싸고 있으면서 은하의 회전에 영향을 미치는 '헤일로'가 암흑물질로 이루어졌으리라 예상할 수 있다. 그리고 이런 암흑물질 헤일로와 이들을 연결하는 가상의 필라멘트가 은하에서부터 은하군, 은하단, 초은하단에 이르는 거대한 구조체를 형성하며 우주의 뼈대를 이룬다. 2020년에 과학자들은 중국, 유럽, 미국의 슈퍼컴퓨터를 사용하여 다양한 범위에서 암흑물질 헤일로의 분포를 시뮬레이션했다. 여기 소개한 이미지는 그중 가장 넓은 범위를 시뮬레이션한 것으로, 가로 방향 거리가 20억 광년이 넘는다. 시뮬레이션에서 암흑물질은 서로 뭉쳐서 헤일로와 필라멘트를 형성하는 '약하게 상호 작용하는 거대 입자(WIMP)'로 표현되었다. 시뮬레이션 결과, 암흑물질의 분포는 현재 우주 모형에서 예상하는 것과 일치했다.

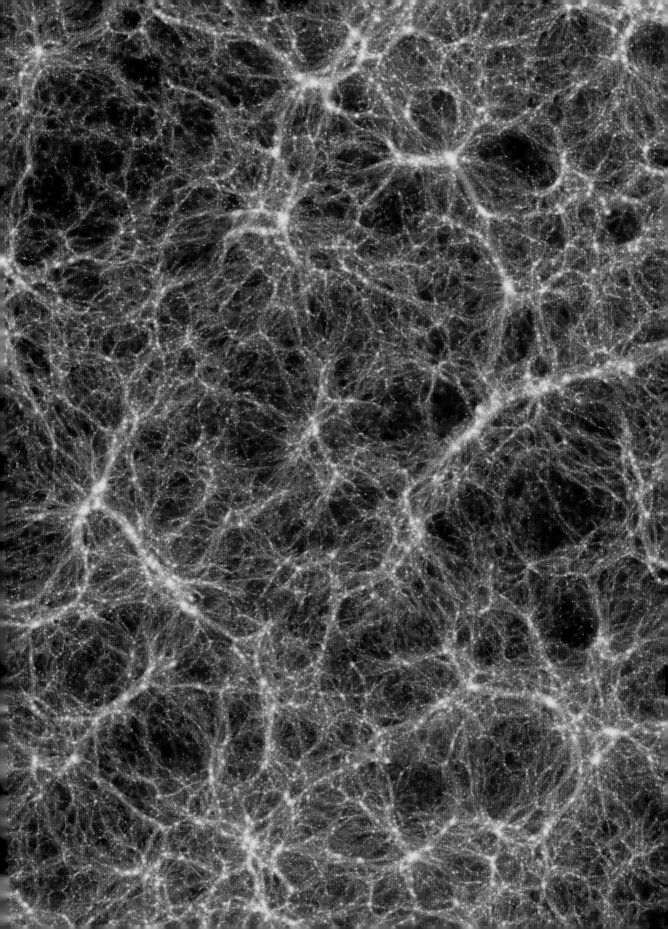

흐름을 예측하는 전산유체역학

왜 유체를 시뮬레이션할까?

컴퓨터 기반 수학적 모델링과 시뮬레이션을 주로 응용하는 분야 중 하나는 전산유체역학이다. 유체(액체 또는 기체)가 어떻게 움직이고 어느 정도의 힘이 발생하는지 컴퓨터를 이용해서 수치 해석적 방법으로 계산해 내는 학문으로, 항공우주 분야(p.195 참조)와 기상학 연구(p.202~205 참조) 같은 공학 응용 분야에 특히 유용하다. 물론 컴퓨터를 사용하지 않고 물리적으로 모형을 만들어 유체역학 문제를 수학적으로 분석할 수도 있지만, 이런 방법은 비용이 많이 들고 수행하기도 무척 까다롭다. 그리고 한 번 설정한 초기 조건을 바꾸기가 어려운 만큼 일반적이고 단순한 상황에만 적용할 수 있다. 반면에 컴퓨터를 이용하면 초기 조건과 같은 변수를 얼마든지 바꿔 가며 시뮬레이션을 반복할 수 있다.

컴퓨터를 이용하든 않든 간에 유체의 운동을 기술하는 수학적 접근법의 중심에는 나비에-스토크스 방정식(19세기 전반에 공학자인 클로드 루이 나비에가 만들고 수학자인 조지 가브리엘 스토크스가 완성했다)이 있다. 전산유체역학 모델을 구축할 때는 시간을 짧은 타임스텝으로 나누고, (가상의) 유체를 작은 셀(cell, 정보의 한 단위에 대한 위치를 기억하는 최소 장치)로 나누어 전체적으로는 그물망 모양의 격자(mesh, 메시)를 만들어야 한다. 일부 셀을 더 작게 설정하면 난기류나 장애물로 유체의 흐름이 복잡해진 지점의 시뮬레이션 해상도를 높일 수 있다.

컴퓨터를 이용한 유체 시뮬레이션

유체(또는 어떤 것이든)를 완벽하게 모델링하려면 모든 원자의 위치, 속도, 에너지를 알아야 한다. 이 때문에 유체역학 시뮬레이션은 필연적으로 단순화될 수밖에 없고, 프로젝트에서 요구하는 정확도 수준에 따라 필요한 컴퓨터 성능도 달라진다. 단순하고 대략적인 시뮬레이션(타임스텝이 길고 셀이 큰 경우)은 데스크톱 컴퓨터로 실행할 수 있지만, 아주 상세하고 복잡한 시뮬레이션은 수백 또는 수천 개의 강력한 프로세서가 동시에 작동하는 슈퍼컴퓨터로도 몇 시간 또는 며칠이 걸릴 수 있다. 대표적인 예로 난기류를 모델링하려면 아주 작은 셀과 매우 짧은 타임스텝이 필요하며, 컴퓨팅 측면에서도 작업하기가 극도로 어렵다.

유체를 연구하는 다른 방법들과 비교할 때 전산유체역학의 큰 장점 중 하나는 육안으로 볼 수 없는 움직임을 컴퓨터가 보여 준다는 것이다. 때로는 다른 방법으로 볼 수 없는 시각에서 유체의 거동을 관찰해 더욱 흥미로운 이미지를 만들 수도 있다.

기름 유출 시뮬레이션

마르셀 리터, 지안 타오, 하이홍 자오,
루이지애나주립대학교 전산기술센터, 2010년

....

2010년 4월, 루이지애나주 멕시코만에서 석유시추선 딥워터호라이즌호가 폭발했다. 미국 국립과학재단은 당시의 기름 유출 사고에 대응하기 위해 미국 내 대학의 과학자들에게 (이제 더는 운영하지 않는) 슈퍼컴퓨팅 시설인 테라그리드(TeraGrid)를 사용하도록 총 100만 컴퓨팅시간을 할당했다. 이 작업의 목표는 유출된 '기름 덩어리'가 멕시코만 주변으로 퍼지는 과정을 시뮬레이션하고 3차원 모델을 만들어, 미래에 발생할 수 있는 원유 유출 사고에서 환경 피해를 최소화하는 대책을 마련하는 것이었다.[21] 과학자들은 해당 지역의 지도와 바람 및 해류 데이터를 이용하여 모델을 구축했다. 이 이미지는 시뮬레이션을 한 번 실행한 결과로, 색상은 기름 덩어리가 이동하는 속도를 나타낸다. 노란색 선들은 루이지애나 연안의 습지와 수심이 얕은 곳에서 기름의 이동 속도가 느려졌음을 보여 준다.

확장 색상표를 사용한
남극 해류 시뮬레이션 이미지

프란체스카 샘셀, 텍사스첨단컴퓨팅센터,
2020년

컴퓨터 시뮬레이션 이미지를 만들 때, 보통은
표준 색상표를 사용하여 시뮬레이션 공간 내
여러 지점의 값을 파란색에서 빨간색까지 매
끄럽게 변하는 색으로 표현한다. 표준화된 이
색상표는 분명 쓸만하지만, 모든 경우에 최선

은 아니다. 예술가이자 데이터 시각화 전문가
인 프란체스카 샘셀은 예술적 색채론 지식을
활용하여 분야별로 세부 사항을 잘 드러낼 수
있는 색상표를 개발해 과학자들이 연구 결과
를 더 쉽게 전달하고, 대중은 데이터를 더 효
과적으로 탐색하도록 돕고 있다.[22] 그녀의 색
상표는 인간에게 친숙하고 미묘한 세부 사항
까지 쉽게 알아볼 수 있는 자연의 무대에 바
탕을 두고 있다. 여기 보이는 물결 모양은 남
극 주변 해양의 밀도, 압력, 온도 변화를 시뮬
레이션[23]해 얻은 것이다(p.176~177 참조).

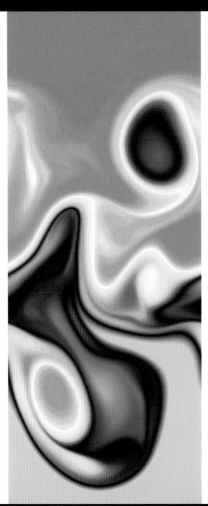
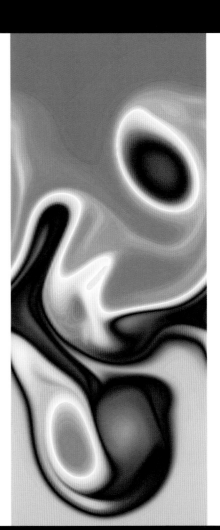

지하수 흐름 모델

미국 지질조사국, 2021년

지하수는 물의 무게에 의한 압력과 특정 토양이나 암석층에서 물이 빠지는 정도를 나타내는 수리전도도(hydraulic conductivity)에 따라 흐름이 달라진다. 여기 소개한 모델은 지하수 흐름을 시뮬레이션하기 위해 미국 지질조사국에서 개발한 모드플로(MODFLOW)라는 소프트웨어를 사용해 만든 것으로, 지면을 삼각형 셀로 나누어 격자를 생성했다. 개울의 둑, 세 곳의 우물 주변, 호숫가 등 수압이 높은 지역은 셀을 더 작게 설정했다.

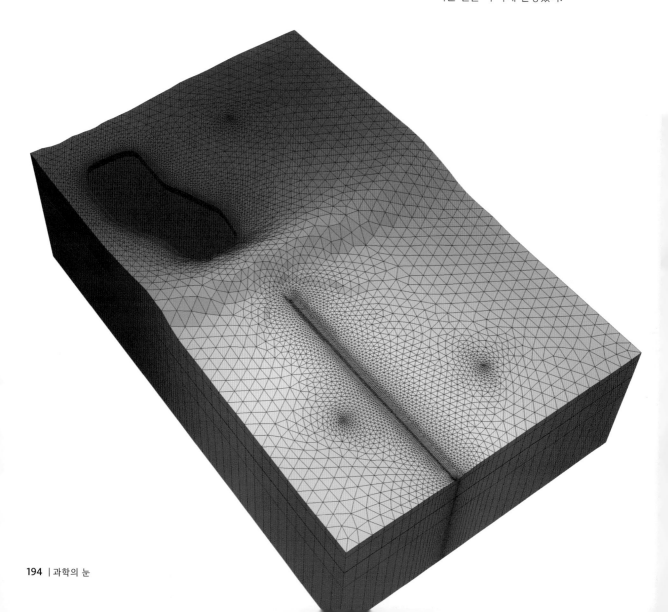

공기 흐름 시뮬레이션

NASA, 보잉, 엑사코퍼레이션, 2017년

공기역학은 양력을 키우고 항력을 줄이는 데
만 이용하는 것이 아니다. 비행기가 착륙하는
동안 비행기 동체와 착륙장치(랜딩기어) 주변
의 난기류 때문에 발생하는 소음은 엔진 소음
만큼이나 시끄러울 수 있다. 항공기 설계자가
이러한 소음의 원인을 이해하면 소음 문제를
줄이는 데 도움이 될 것이다. 이 이미지는 보
잉777 비행기의 전방 착륙장치 주변에서 난
기류로 발생하는 소음을 조사하기 위해 수행
한 시뮬레이션 결과다. 색상은 착륙장치 주변
공기의 상대 속도를 나타낸다. (빨간색이 가장
빠르고, 초록색이 가장 느리다.) 이렇게 공기가 착
륙장치의 울퉁불퉁한 부분을 지날 때 발생하
는 복잡하고 격렬한 흐름과 빠르게 회전하는
소용돌이를 시뮬레이션하려면 컴퓨터 성능
이 매우 뛰어나야 한다.

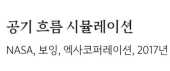

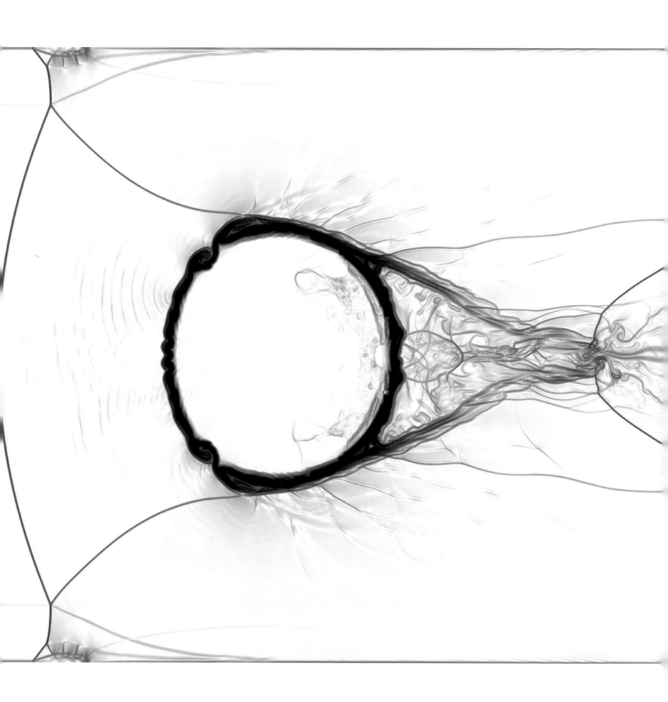

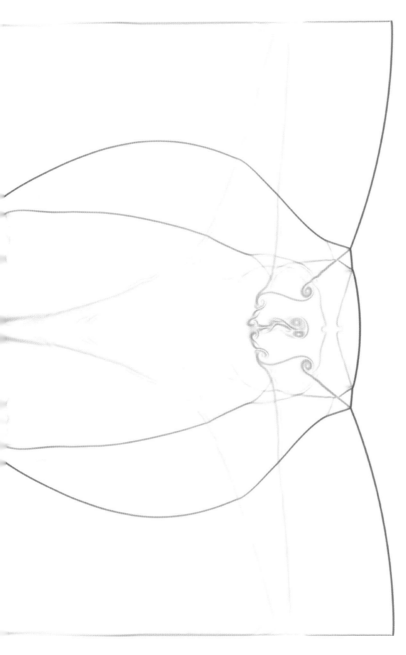

물을 통과하는 충격파 시뮬레이션

조던 B. 에인절, NASA/에임스, 2019년

· ·

우주발사시스템(SLS)은 NASA가 심우주 탐사를 위해 개발한 새로운 주력 발사체로, 현재 NASA에서 가장 강력한 로켓이다. 기술자들은 '점화 과압 방지 및 소음 억제(IOP/SS)' 시스템으로 200만 L 이상의 물을 60초 안에 발사대에 쏟아붓는 기술을 개발했다. 이 물은 발사체와 탑재물에 손상을 입힐 수 있는 극심한 열과 음향 진동을 어느 정도 흡수해 준다. IOP/SS 시스템을 개발하는 과정에서 과학자들은 물을 통과하는 충격파(빠르게 움직이는 압력파)를 세밀하게 시뮬레이션했다. 이 이미지에서 짙은 색으로 표시한 곳은 충격파로 물의 밀도가 높아진 부분이다. 충격파로 인해 물속에 공기 방울이 생기기도 하는데, 이를 공동현상(cavitation, 캐비테이션)이라고 한다.

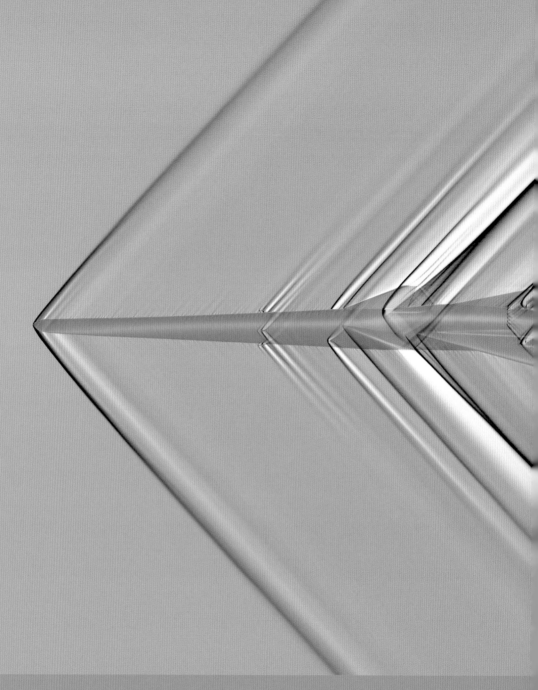

초음속 비행에서 발생하는 충격파 시뮬레이션

NASA(마리안 네멕, 마이클 애프토스미스),
2020년

초음속 비행은 대다수 국가에서 군사 목적 외에는 금하고 있는데, 이유는 항공기가 일으키는 소닉붐(음속 폭음) 때문이다. 이 문제를 해결하기 위해 록히드마틴은 신형 비행기 초음속 X-59 QueSST(Quiet SuperSonic Technology)가 한 번의 큰 소닉붐 대신 여러 번의 작은 소닉붐을 내도록 고안했다. 그러면 지상에서는 커다란 굉음이 한 번 들리는 대신 나지막한 쿵 소리가 여러 번 들리게 된다. 엔지니어들은 NASA의 슈퍼컴퓨터를 사용하여 폭음에 대한 3차원 유체역학 시뮬레이션을 수행했다. 컴퓨터는 빛이 고압과 저압 영역(각각 어둡고 밝은 영역)에서 어떻게 상호 작용하는지를 계산하여 시뮬레이션 데이터를 슐리렌 이미지(p.34 참조)로 시각화했다.

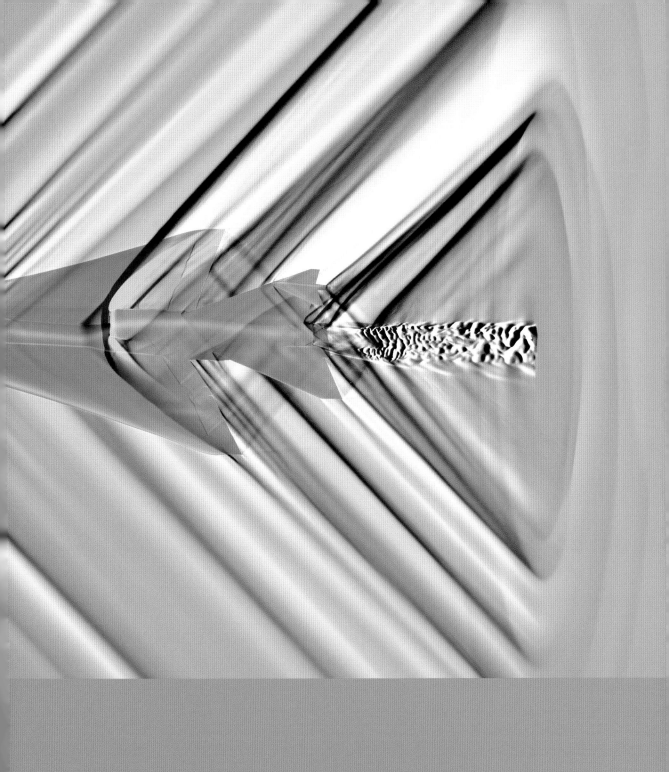

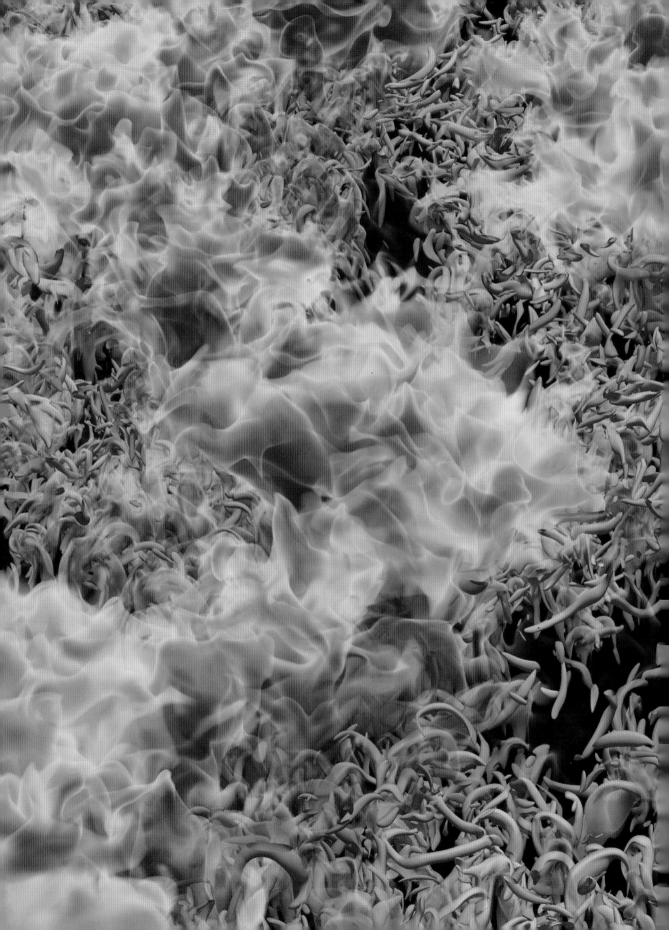

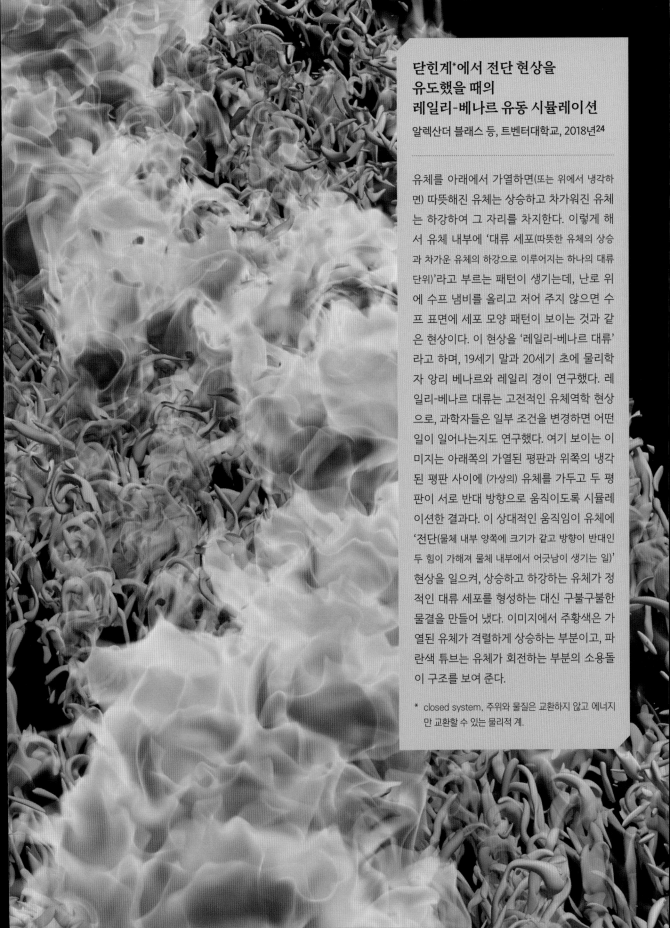

닫힌계*에서 전단 현상을 유도했을 때의 레일리-베나르 유동 시뮬레이션

알렉산더 블래스 등, 트벤터대학교, 2018년[24]

유체를 아래에서 가열하면(또는 위에서 냉각하면) 따뜻해진 유체는 상승하고 차가워진 유체는 하강하여 그 자리를 차지한다. 이렇게 해서 유체 내부에 '대류 세포(따뜻한 유체의 상승과 차가운 유체의 하강으로 이루어지는 하나의 대류 단위)'라고 부르는 패턴이 생기는데, 난로 위에 수프 냄비를 올리고 저어 주지 않으면 수프 표면에 세포 모양 패턴이 보이는 것과 같은 현상이다. 이 현상을 '레일리-베나르 대류'라고 하며, 19세기 말과 20세기 초에 물리학자 앙리 베나르와 레일리 경이 연구했다. 레일리-베나르 대류는 고전적인 유체역학 현상으로, 과학자들은 일부 조건을 변경하면 어떤 일이 일어나는지도 연구했다. 여기 보이는 이미지는 아래쪽의 가열된 평판과 위쪽의 냉각된 평판 사이에 (가상의) 유체를 가두고 두 평판이 서로 반대 방향으로 움직이도록 시뮬레이션한 결과다. 이 상대적인 움직임이 유체에 '전단(물체 내부 양쪽에 크기가 같고 방향이 반대인 두 힘이 가해져 물체 내부에서 어긋남이 생기는 일)' 현상을 일으켜, 상승하고 하강하는 유체가 정적인 대류 세포를 형성하는 대신 구불구불한 물결을 만들어 냈다. 이미지에서 주황색은 가열된 유체가 격렬하게 상승하는 부분이고, 파란색 튜브는 유체가 회전하는 부분의 소용돌이 구조를 보여 준다.

* closed system. 주위와 물질은 교환하지 않고 에너지만 교환할 수 있는 물리적 계.

깊이 들여다보기: 날씨와 기후 모델링

전산유체역학의 핵심 응용 분야 중 하나는 날씨와 기후 모델링이다. 수학을 날씨 예보에 활용할 수 있다고 최초로 제안한 사람은 기상학자 빌헬름 비에르크네스다. 1903년, 비에르크네스는 유체역학과 열역학에서 얻은 통찰을 결합하여 날씨에 관한 통합 수학 이론을 구성했다. 그는 나비에-스토크스 방정식과 열전달을 예측하는 공식 등을 결합해 원시방정식*을 만들었다. 이 방정식에 온도, 압력, 습도 등의 실제 측정값을 입력하면 각 수치가 시간에 따라 어떻게 변화할지 예측할 수 있다.

1922년, 수학자 루이스 프라이 리처드슨은 비에르크네스의 통찰을 시험해 보기로 했다. 리처드슨은 계산자와 표를 사용해 유럽 지역의 대기압과 바람의 변화를 6시간 간격으로 6주 동안 계산했다. 그는 완전히 틀린 결과를 얻었는데, 이유는 중력파를 간과했기 때문이었다. 연못의 잔물결과 같은 대기의 작고 규칙적인 기압 변화를 계산에 포함하지 않아 결과가 크게 달라진 것이었다. 그래도 그는 포기하지 않고 '예보 공장'이라는 속이 빈 구형 건물에서 6만 4,000명이 밤낮으로 일하며 전 세계의 날씨를 예측하는 시스템을 구상했다. 중앙에 있는 컨트롤러로 각각의 팀에 색색의 빛을 비춰서 모든 '인간 계산자'들이 같은 속도로 작업하도록 유도하겠다는 계획도 세웠다.

리처드슨이 이처럼 노력한 지 20여 년이 지난 후, 컴퓨터 과학의 선구자 존 폰 노이만은 프로그래밍이 가능한 세계 최초의 전자식 범용 디지털 컴퓨터인 에니악(ENIAC)의 능력을 시험해 볼 프로젝트를 찾고 있었다. 그는 리처드슨의 선례를 따라 수치 계산으로 지역 날씨를 예측해 보기로 했다.[25] 폰 노이만과 동료들은 미국 기상청에서 제공한 네 개 날짜의 실제 데이터를 사용해 네 가지 수치 기상 예측을 실행했다. 모두 24시간 뒤의 일반적인 날씨 상황을 예측했는데, 처리하는 데 24시간이 걸렸다. 폰 노이만의 말에 따르면 "이 시간의 대부분은 펀치 카드 판독, 인쇄, 복사, 정렬 및 파일 통합 등의 수작업과 IBM 작업에 소모되었다"고 한다.

초기의 개략적인 기상도
에니악, 1950년

1950년에 미국 기상청에서 제공한 데이터를 이용해 에니악으로 제작한 기상도. 각 기상도는 넓은 지역의 일반적인 날씨 상황을 보여주는 개략도다. 위쪽의 두 기상도는 24시간 예보 기간의 시작과 끝 시점에서의 실제 날씨를 나타낸 것이고, 아래쪽의 두 기상도는 에니악으로 계산한 예측 결과를 시각화한 것이다.

---

* 지구 전체의 대기 유량을 근사적으로 계산하는 데 사용되는 비선형 미분 방정식으로, 세 개의 주요 방정식으로 구성되었다.

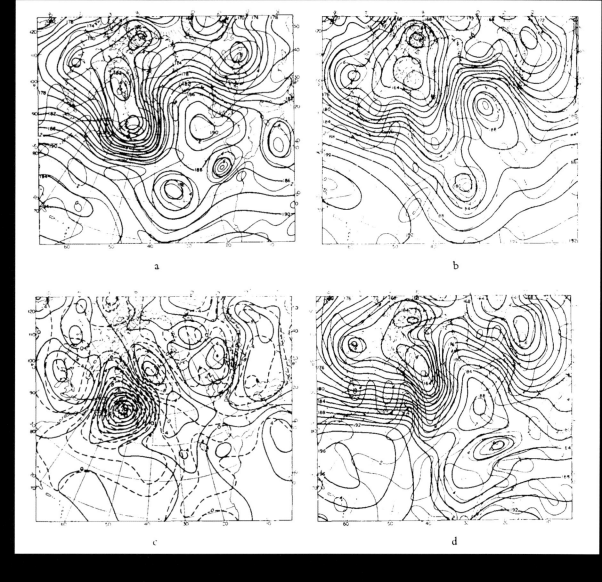

a

b

c

d

폰 노이만이 에니악으로 수행한 날씨 예측은 북아메리카 전체와 태평양, 대서양, 북극해 일부를 포함한 광범위한 지역을 모델링한 것이었다. 하지만 이 모델은 해상도가 썩 좋지 않았다. 해당 범위를 한 변의 길이가 약 740km인 셀로 나누었는데, 많고도 중요한 기상 현상들을 반영하기에는 셀의 크기가 너무 컸다. 결과적으로 예보는 그다지 정확하지 않았지만, 이 획기적인 실험은 이후의 모든 수치 기상 예측의 기초가 되었다.

프로젝트를 시작했다.[26] 이름하여
'ECCO2-다윈' 프로젝트로,
MIT의 지구 순환 모델인 'ECCO2'
모델(p.206 참조)과 해양 미생물
군집을 모델링하는 NASA의 '다윈'
프로젝트에서 얻은 데이터를
활용한다. 오른쪽 이미지는
대서양을 중심으로 2010년
해양의 탄소 흡수(파란색)와
방출(빨간색)을 시뮬레이션한
것이다. 흰색 화살표는 해수면의
풍향을 나타낸다.

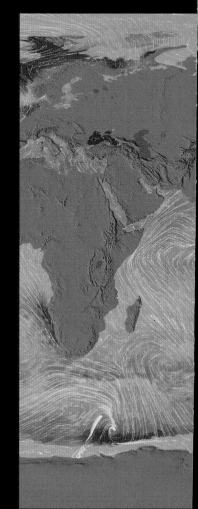

다양한 요소를 고려해 만들어졌다. 해양은 물리적 과정뿐 아니라 생물학적 과정을 통해서도 열과 이산화탄소를 흡수함으로써 지구 기후에 매우 중요한 역할을 한다. 해류는 수평으로 수천 킬로미터까지 뻗어 나갈 수 있으며, 수직으로도 물과 영양분을 운반하고 혼합한다.

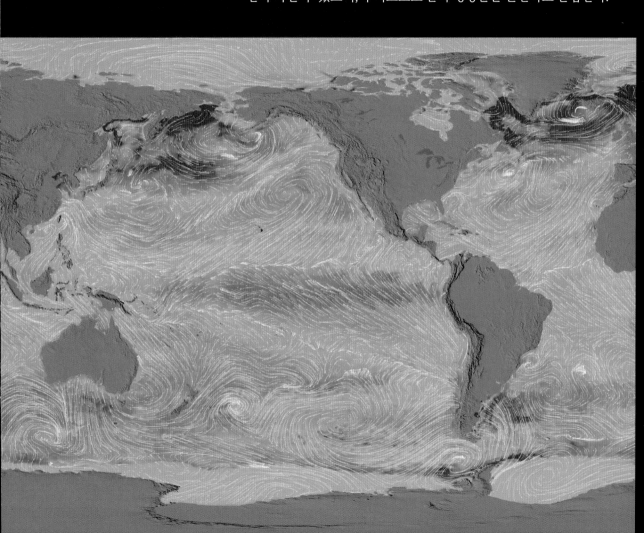

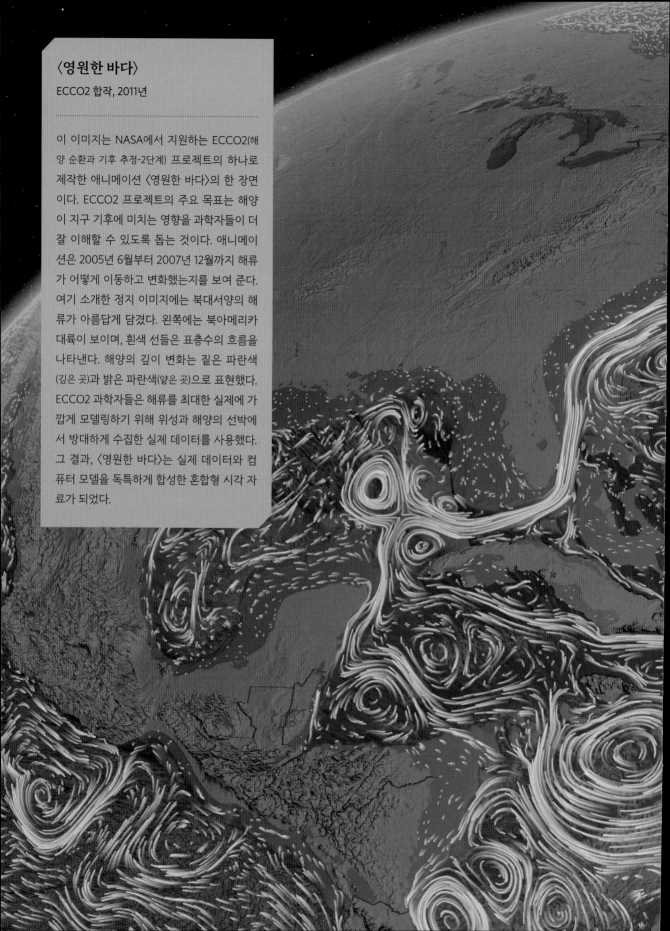

⟨영원한 바다⟩

ECCO2 합작, 2011년

이 이미지는 NASA에서 지원하는 ECCO2(해양 순환과 기후 추정-2단계) 프로젝트의 하나로 제작한 애니메이션 ⟨영원한 바다⟩의 한 장면이다. ECCO2 프로젝트의 주요 목표는 해양이 지구 기후에 미치는 영향을 과학자들이 더 잘 이해할 수 있도록 돕는 것이다. 애니메이션은 2005년 6월부터 2007년 12월까지 해류가 어떻게 이동하고 변화했는지를 보여 준다. 여기 소개한 정지 이미지에는 북대서양의 해류가 아름답게 담겼다. 왼쪽에는 북아메리카 대륙이 보이며, 흰색 선들은 표층수의 흐름을 나타낸다. 해양의 깊이 변화는 짙은 파란색(깊은 곳)과 밝은 파란색(얕은 곳)으로 표현했다. ECCO2 과학자들은 해류를 최대한 실제에 가깝게 모델링하기 위해 위성과 해양의 선박에서 방대하게 수집한 실제 데이터를 사용했다. 그 결과, ⟨영원한 바다⟩는 실제 데이터와 컴퓨터 모델을 독특하게 합성한 혼합형 시각 자료가 되었다.

4부 │ 과학 속의 예술

과학은 분석적이고 체계적이며 논리와 정확성, 사실에 바탕을 둔다. 반면 예술은 자유분방하고 감성적이며, 예술가의 작품은 현실을 그대로 재현하지 않아도 상관없다. 과학과 예술은 이렇게 차이가 있지만, 둘 다 창의성과 상상력을 요구하며 과학자들은 예술적 사고방식에서 많은 것을 얻기도 한다. 또 예술가와의 협업을 통해 과학자는 자신의 연구를 더욱 명확하게 시각화하거나 설명할 수 있고, 과학이 가져다주는 색다른 관점과 통찰은 예술가에게 풍성한 영감을 줄 수 있다. 4부에서는 과학에서 예술의 역할에 대해 살펴본다.

해저 지형 그림(부분 상세)
하인리히 베란, 1977년경

1950~1960년대에 지질학자이자 지도 제작자인 마리 타프는 해양의 수심 측정 데이터를 사용하여 세계 최초로 광범위한 해저 지도를 제작했다. 타프와 그녀의 동료 브루스 히진은 유명 화가 하인리히 베란과 긴밀히 협력하여 해저 지형을 멋지게 그려 냈다. 이 그림은 남대서양의 대서양중앙해령(p.93 참조) 부분을 확대한 것이다. 전체 해저 지형 그림은 216~217쪽에서 온전히 감상할 수 있다.

영감을 주고받는 예술과 과학

과학에도 상상력이 필요하다

1878년, 화학자 야코뷔스 헨리퀴스 판트호프는 '과학에서의 상상력'이라는 강연에서 "상상력은 과학적 연구 능력에 중요한 역량이다"라고 말했다.[1] 이어서 "예술적 기질은 상상력의 자연스러운 표현이라고 생각한다"며 예술가나 시인이기도 했던 위대하고 영향력 있는 과학자들의 이름을 나열했다. 이는 자신이 상상한 분자 모양에 대한 세간의 비판에 응답한 것이었다. 이전 해에 화학자 헤르만 콜베는 판트호프의 아이디어를 '시시한 것'이라고 일축했다. 그러나 판트호프가 상상한 분자 모양 중 일부는 정확했으며, 일부는 위대한 발견에 결정적인 단서를 제공했다. 상상력은 과학에서 필수적인 요소다. 특히 새로운 가설을 세우고 이를 검증하기 위해 참신한 실험을 설계할 때는 더욱 그렇다. 그림, 제도, 조각, 동영상 등은 과학의 모든 단계에서 중요한 역할을 한다. 과학자가 아이디어를 구체화하는 데 도움을 주는 작은 낙서부터 연구 결과를 폭넓게 전달하기 위한 창의적인 방법에 이르기까지 과학에서 예술의 역할은 무척 다양하다.

사실주의와 추상화

과학 분야의 예술 작품이라고 하면 지식을 '직설적으로' 묘사한 일러스트나 상상화를 생각하기 쉽다. 그러나 대다수 일러스트는 대상을 있는 그대로 표현하는 것을 넘어 어떤 특징을 강조하거나 다양한 출처의 지식을 통합하여 더 많은 정보를 담아낸다. 데이비드 굿셀[2]의 화려한 수채화 일러스트(p.218 참조)가 좋은 예시인데, 그는 "구조생물학 분야는 예술과 과학의 생산적인 결합을 즐겨 왔다"[3]고 말한 바 있다. 예술가들은 대체로 상상력을 발휘하여 최대한 사실적으로 대상을 표현함으로써 먼 과거의 장면(p.230~245 참조)이나 심우주의 천체(p.246~265 참조)처럼 우리가 직접 볼 수 없는 것을 시각화한다.

  일러스트나 상상화 외에 과학에서 영감을 받은 추상적인 예술 작품도 많다. 어떤 것은 과학자와 예술가의 협업으로 만들어지는데, 이러한 협업은 학문의 경향이 STEM(과학, 기술, 공학, 수학의 융합)에서 STEAM(예술을 뜻하는 A까지 포함)으로 변화함에 따라 점점 더 보편화하고 있다. 알고 보면 예술과 과학은 둘 다 정체성, 윤리, 우주에서 우리의 위치, 삶의 의미 등 중요한 질문에 대한 해답을 찾으려는 경향이 있다. 과학적 아이디어에서 영감을 받은 예술 작품들은 어렵고 복잡한 주제를 다루는 열정이나 신비로움을 비과학자에게 전달하는 데 큰 몫을 하기도 한다. 게다가 예술은 수학적 모델링의 결과나 데이터 시각화로는 전달하기 어려운 감동을 안겨줄 수 있다.

야코뷔스 판트호프의 비대칭 탄소 원자 이론을 설명한 모형

과학박물관 워크숍, 1920~1925년

야코뷔스 판트호프의 상상력은 탄소 기반 화합물의 원자들이 공간에서 어떻게 배열되는지 알아내는 데 큰 도움이 되었다. 1874년, 그는 《공간에서의 원자 배열(*The Arrangement of Atoms in Space*)》이라는 저서에 자신의 아이디어를 그림과 함께 소개했다. 아래 분자 모형들은 판트호프의 아이디어를 설명하기 위해 만든 것이다. 분자마다 사면체의 중심에 탄소 원자(청회색)가 있고, 화학 결합(붉은색 선)으로 다른 원자 또는 원자 그룹과 연결되어 있다.

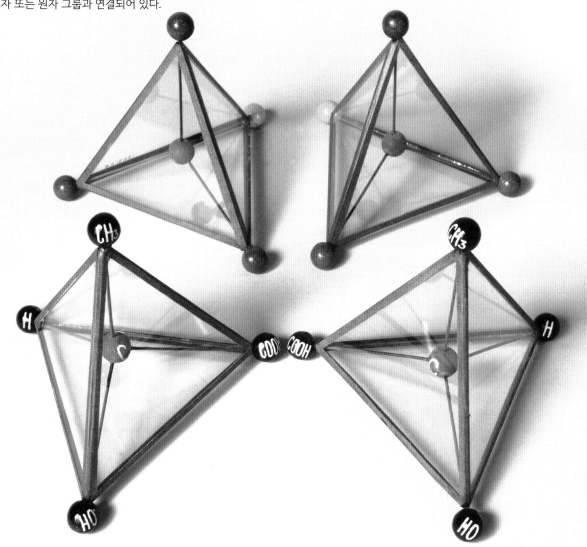

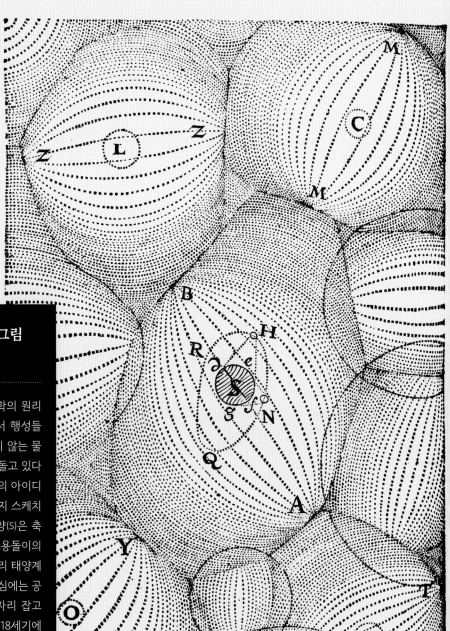

소용돌이 이론을 설명하는 그림

르네 데카르트, 1644년

1644년, 르네 데카르트는 《자연철학의 원리 (*Principia philosophiae*)》[4]라는 책에서 행성들이 (소용돌이에 갇힌 나뭇잎처럼) 보이지 않는 물질의 소용돌이에 의해 태양 주위를 돌고 있다는 주장을 펼쳤다. 데카르트는 자신의 아이디어를 독자에게 전달하기 위해 몇 가지 스케치를 함께 수록했다. 이 그림에서 태양(S)은 축 AB를 중심으로 회전하는 거대한 소용돌이의 중심에 있다. 다른 소용돌이들은 우리 태양계 소용돌이와 접해 있으며, 각각의 중심에는 공전하는 행성을 거느린 다른 별이 자리 잡고 있다. 데카르트의 이론은 17세기와 18세기에 큰 인기를 끌었는데, 공간을 통해 전달되는 힘을 생각하지 않고도 행성의 운동을 설명했기 때문이다. (하지만 많은 현상을 정확하게 설명하고 예측한 아이작 뉴턴의 만유인력이 결국 주류 이론이 되었다.)

자주산호나무 위의
자이언트누에나방

마리아 지빌라 메리안, 1705년

마리아 지빌라 메리안은 10대 초반에 곤충의 한살이에 매료되어 곤충을 연구하고 기록하는 데 평생을 바쳤다. 자연과학자로서 곤충학 분야에 상당한 공을 세웠으며,[5] 특히 예술적 재능과 세심한 주의력을 바탕으로 자신이 관찰한 사실을 명확하게 전달했다. 그녀의 그림은 대부분 묘사력이 뛰어나고 상징적인 내용을 담고 있다. 자이언트누에나방(giant silk moth)의 한살이를 한 장면에 담은 이 그림은 단순한 초충도가 아니다. 그녀가 1699년에 수리남으로 과학 탐사를 다녀와 집필한 책 《수리남 곤충의 변태(*Metamorphosis insectorum Surinamensium*)》[6]에 수록된 삽화로, 메리안은 이 탐사에서 이전까지 과학계에 알려지지 않은 수많은 종을 목록으로 만들었다.

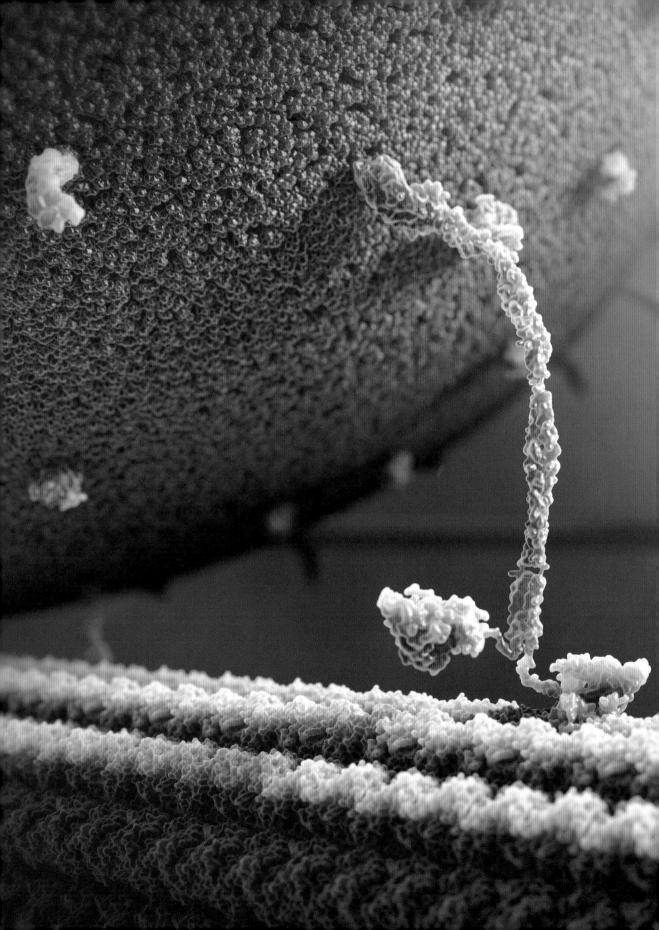

미세소관 위를 걷는
키네신 운동 단백질

Art of the Cell*, 연도 미상

인간을 포함한 모든 동물, 식물, 균류의 세포 안에서는 키네신이라는 단백질 분자가 미세소관(p.162 참조)이라는 그물망을 따라 말 그대로 '걸어' 다닌다. 키네신 분자는 초당 약 100걸음을 걸으며, 소포(vesicle)라고 부르는 지질막 안에서 세포 내의 다양한 분자들을 운반한다. 이 놀라운 과정을 사진으로 담을 수는 없지만, 분자생물학자들은 이를 충분히 이해하고 있어서 예술가들이 이 장면을 사실적인 이미지나 애니메이션으로 만드는 데 결정적인 도움을 줄 수 있다. 이 이미지에는 키네신, 소포, 미세소관이 분자 수준으로 생생하게 표현되어 있다. 단, 이것은 실제 사진이 아니라 세포의 복잡한 내부 세계를 단순화해서 예술적으로 표현한 애니메이션의 한 장면이다.

* 3D 예술가 존 리블러가 설립한 3D 의학 애니메이션 스튜디오.

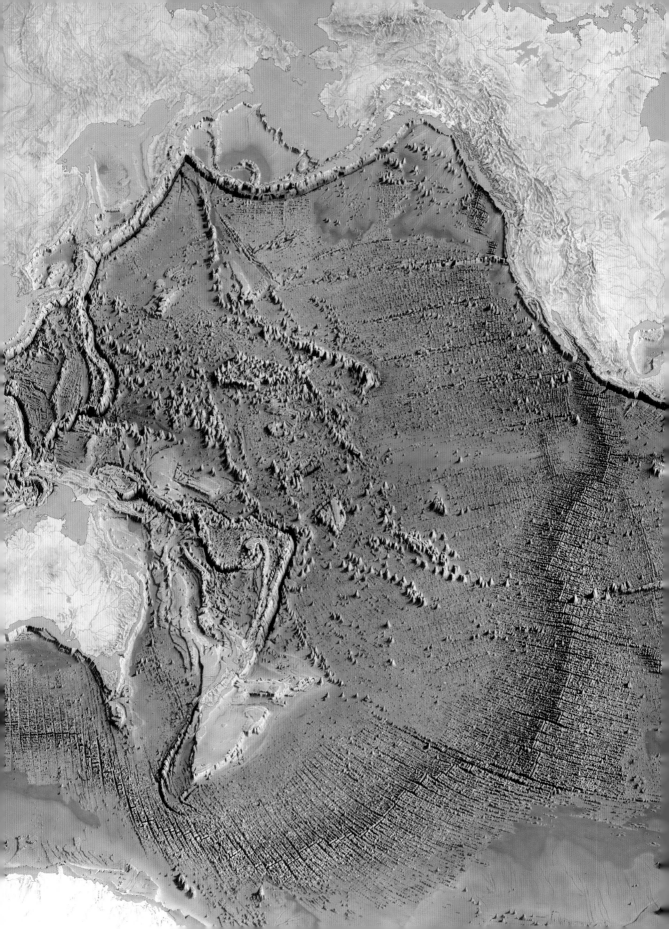

해저 지형 그림

하인리히 베란, 1977년경

────────────────

지질학자 마리 타프와 브루스 히진의 지도를
바탕으로 하인리히 베란이 그린 해저 지형도
의 전체 모습이다(p.208 참조). 이 지도는 다른
해저 지형 이미지와 함께 1960년대에 등장한
판구조론을 견고하게 뒷받침해 주었다.

수채화로 그린 신경 단면

데이비드 S. 굿셀, 2020년

구조생물학 교수인 데이비드 굿셀은 세포의 구조적 특징과 분자적 특징을 독특하게 결합하여 현미경으로는 볼 수 없는 아름답고 유익한 그림을 그린다.[7] 그가 그리는 세포 수준의 생물학적 그림은 해부학적으로 정확하며, 지방과 단백질 및 그 밖의 생체 분자들이 모두 정확한 위치에 표현되어 있다. (명확성을 높이기 위해 물과 같은 작은 분자는 생략했다.) 여기 소개한 이미지는 수채화로 그린 말이집 신경의 단면이다. 노란색과 주황색 층으로 표현된 것은 미엘린으로, 특정 뉴런의 축삭돌기(신호 전달 통로)를 보호하는 지방과 단백질의 혼합물이다. 파란색 원형으로 표현된 것은 미세소관 (p.162, p.214~215 참조)이고, 뉴런의 세포막 안에 있는 여러 단백질 분자들(녹색 아치 모양)도 보인다.

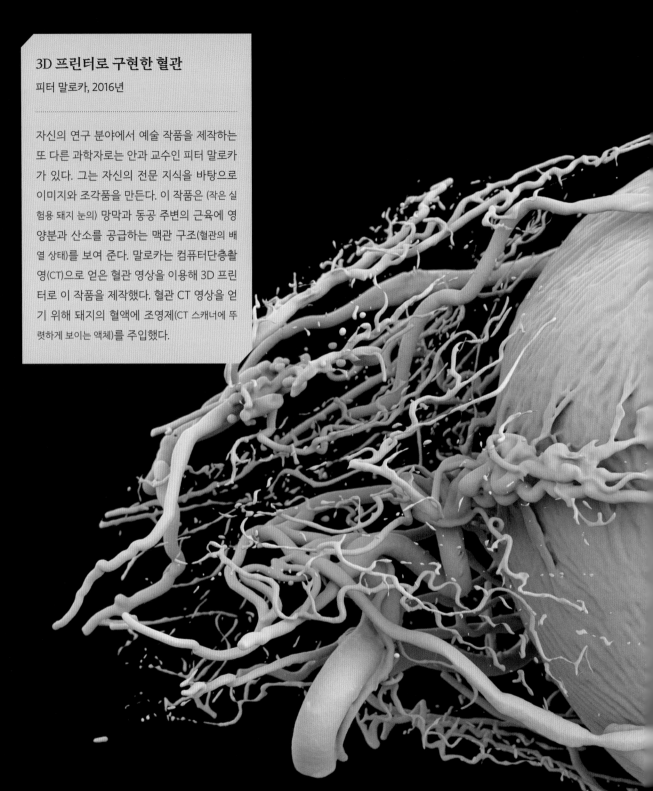

3D 프린터로 구현한 혈관

피터 말로카, 2016년

자신의 연구 분야에서 예술 작품을 제작하는
또 다른 과학자로는 안과 교수인 피터 말로카
가 있다. 그는 자신의 전문 지식을 바탕으로
이미지와 조각품을 만든다. 이 작품은 (작은 실
험용 돼지 눈의) 망막과 동공 주변의 근육에 영
양분과 산소를 공급하는 맥관 구조(혈관의 배
열 상태)를 보여 준다. 말로카는 컴퓨터단층촬
영(CT)으로 얻은 혈관 영상을 이용해 3D 프린
터로 이 작품을 제작했다. 혈관 CT 영상을 얻
기 위해 돼지의 혈액에 조영제(CT 스캐너에 뚜
렷하게 보이는 액체)를 주입했다.

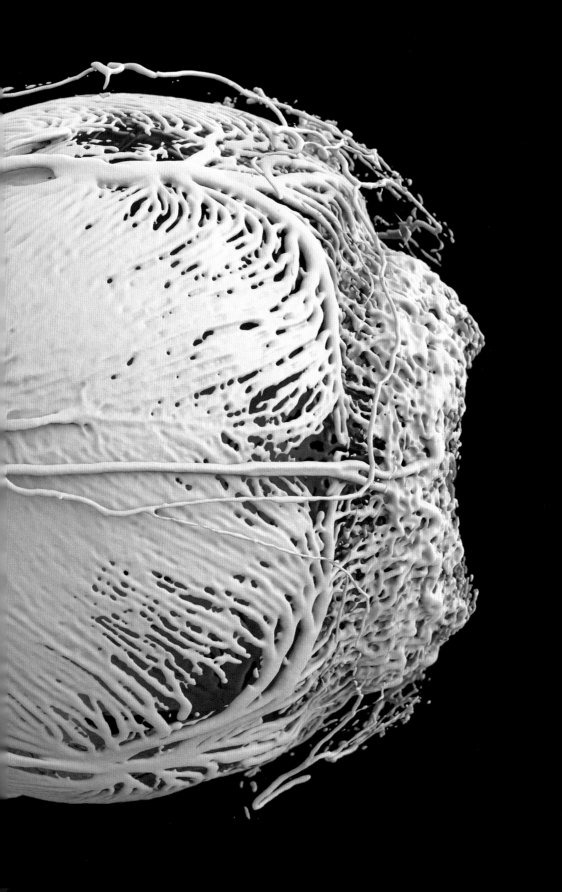

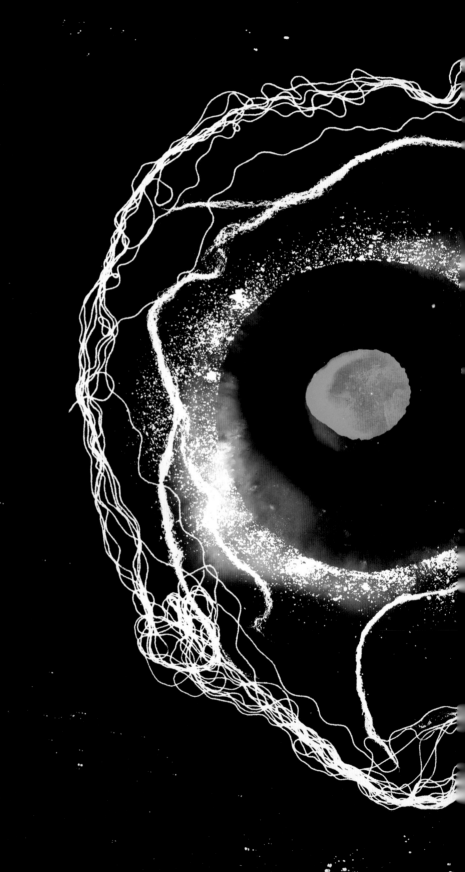

렌티큘러 프린트 〈심장박동 1.1〉

수잔 앨드워스, 2010년

수잔 앨드워스는 뇌와 마음 사이의 복잡한 관계, 뇌와 마음이 만들어 내는 우리 자아에 관심이 깊다. 그녀는 1990년대부터 과학과 예술 분야에서 의사이자 강사로 활발히 활동하며 의사, 과학자, 그 밖의 의료 전문가와 자주 협력하고 있다. 이 이미지는 런던의 한 병원이 의뢰한 심장을 주제로 한 연작의 일부다. 이 시리즈는 단순히 심장의 생리학만 보여 주는 게 아니라, 심장을 둘러싼 문화적 상징성도 반영하고 있다. 그야말로 예술과 과학이 서로 어우러져 과학이 문화의 한 부분으로 자연스럽게 녹아들게 하는 완벽한 사례다. 이 이미지는 렌티큘러(반원통형의 미세 볼록 렌즈들을 나란히 배열한 렌즈 시스템) 작품을 평면에 담은 것이다. 이미지를 바라보는 각도에 따라 다른 면면이 번갈아 나타나는 렌티큘러 작품을 실제로 보면 펌프와 같은 심장의 역동적인 모습을 감상할 수 있다.

〈광유전체 I - 화학 물질의 느낌〉

마커스 라이언, 2011년

때로는 과학에 관심이 있는 예술가들이 과학을 주제로 한 예술 작품을 만들기도 한다. 이들이 만드는 작품은 단순히 교육적이거나 무언가를 설명하기보다는 추상적이고 감동을 주는 경우가 많다. 여기 소개한 작품은 예술가 마커스 라이언의 〈광유전체(Optogenome)〉 연작 중 첫 번째인데, 당시 그는 매사추세츠주 월섬에 있는 아스트라제네카의 종양학·감염병캠퍼스와 킹스칼리지런던 의료연구소의 발달신경생물학센터에서 예술가로 활동하고 있었다. 라이언이 유전학에 관심을 두게 된 동기는 부분적으로는 유전병으로 사망한 형제의 영향이 컸다. 많은 예술가와 과학자처럼 그 역시 이 시대의 '커다란 물음에 대한 답'을 찾고 있다.

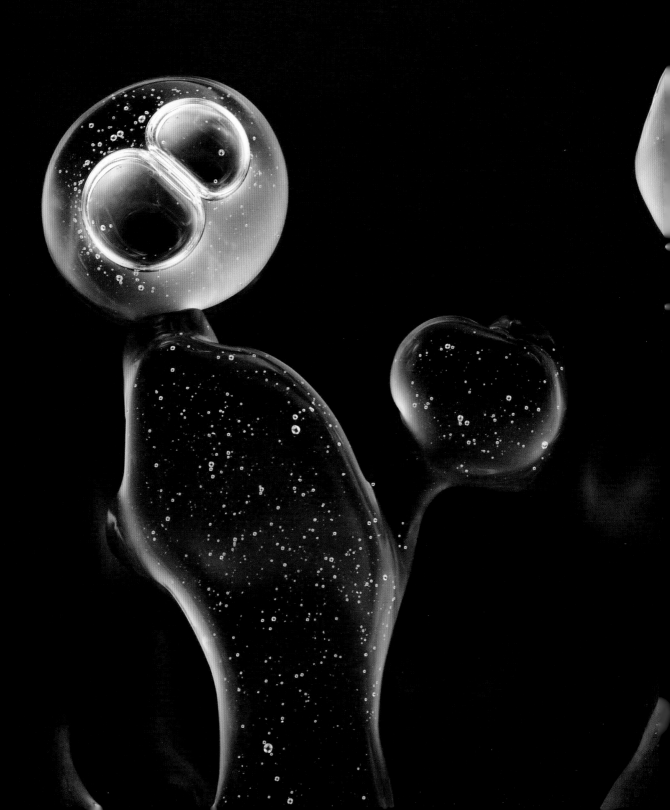

편광 필터를 사용한
디지털 사진 〈생명 이야기〉
엘라 쿠로브스카, 2014년

엘라 쿠로브스카는 생화학자로서 성공적인 경력을 쌓은 뒤 디지털 사진으로 눈을 돌렸다. 그녀는 어떤 물질이 두 개의 편광 필터 사이에 놓이면 매혹적이고 다채로운 색을 발하는 현상인 '광탄성'을 실험해 보기로 했다. 광탄성은 주로 재료과학자들이 단단한 투명 플라스틱으로 만든 시제품으로 응력(stress)이 작용하는 지점을 찾을 때 사용하는 방법이다. 쿠로브스카는 더 부드럽고 유연한 재료를 찾다가 우연히 유기 겔(gel)을 발견했다. 그녀는 2013년부터 유기 겔의 광탄성을 이용하여 멋진 이미지를 만들어 내고 있다. 지구상의 생명 기원에 관한 관심과 열정에서 비롯된 그녀의 작품은 마치 현미경 아래에서 촬영한 복잡하고도 아름다운 생명체를 연상시킨다.

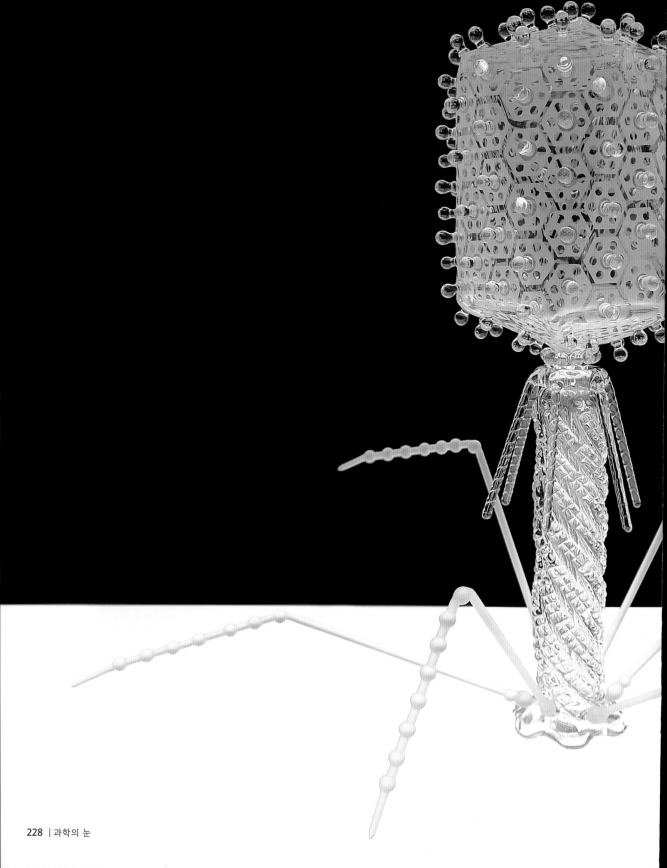

과학에서 영감을 얻는 예술가들이 점점 늘어나는데, 루크 제람도 그중 한 명이다. 이 작품은 제람의 〈유리 미생물학〉 연작 일부로, 'T4 박테리오파지'라는 바이러스를 표현한 것이다. 마치 과학 소설에서 나온 것처럼 보이지만, 실제로 박테리아 세포 내에서 번식하는 바이러스인 T4 박테리오파지와 모양이 똑같다. 그렇지만 이 작품은 미적으로 유쾌하고 추상화된 예술 작품이다. 특히 이 작품이 실제 바이러스를 모델로 한 것임을 알게 됐을 때, 사람들의 호기심이 더욱 증폭된다.

시간 여행의 예술, 팔레오아트

과거의 조각 맞추기

행성과학, 진화생물학, 고생물학, 해양학, 대기화학, 지질학 등은 인류가 기록을 남기기 전의 세상이 어떠했는지를 알아내는 데 필요한 과학 분야 중 일부다. 이 분야의 과학자들은 다양한 도구와 기술, 검증된 이론, 동료 평가와 재현 가능한 실험 등을 통해 놀라울 정도로 풍부한 지식을 축적해 왔다. 그들은 지구의 46억 년 역사에 관해 많은 부분을 확신하고 있지만, 여전히 이해할 수 없거나 불확실한 부분도 상당히 남아 있다. 어쨌거나 지금껏 축적된 지식을 많은 사람에게 전달하기 위해서는 과학을 충분히 이해하고 이를 사실적으로 표현할 수 있는 예술가의 상상력과 기술이 필요하다. 이러한 선사 시대의 광경이나 동식물을 재현하는 예술을 팔레오아트(paleoart)라고 한다.

죽은 생명체 되살리기

공룡을 재현하는 팔레오아트는 특히 인기가 높다. 공룡에 관한 과학적 이해는 19세기 초에 처음으로 공룡 화석을 과학적으로 연구하면서부터 진화해 왔다. 처음에 무시무시한 도마뱀인 줄 알았던 공룡은 나중에는 진화적으로 실패해 멸종한 게으른 짐승으로 바뀌었다. 이후 공룡 르네상스[8](1970년대에 고생물학자 로버트 바커가 만든 용어) 시대에는 덩치 크고 느린 초식동물과 빠르고 사나운 육식동물이 혼합된 존재로 여겨졌다. 그리고 최근 20년 사이에는 수많은 종류의 공룡이 깃털을 가지고 있었음을 알아냈다(p.241 참조). 팔레오아티스트들은 이 모든 변화에 발맞춰 나가야 했다(p.238 참조). 지금도 과학자와 팔레오아티스트는 고생 인류(p.244~245 참조)를 포함하여 다양한 동물의 생김새와 행동 방식을 연구하고 묘사하는 과정에서 비슷한 길을 따르고 있다.

수천 또는 수백만 년 전에 멸종한 종에 관해 알려 주는 주요 정보원은 당연히 화석이다. 그러나 어떤 종이든 화석이 된 개체는 극히 일부에 불과하며, 화석화된 개체 중에도 살점이 썩었거나 죽은 직후에 먹힌 경우가 대부분이다. 그래서 해부학자와 생리학자는 고생물학자와 협력하여 뼈에 살(과 근육)을 입히는 작업을 진행한다. 요즘에는 (컴퓨터단층촬영 같은) 디지털 스캔 기술이 큰 도움이 되며, 과거의 기후와 환경에 대한 지식이 꾸준히 늘어나는 것도 연구에 도움이 되고 있다. 이 모든 지식은 팔레오아트에 반영되어 공룡, 고생 인류, 그 밖의 동식물과 거대 균류의 이미지가 대중의 의식 속에 자리 잡게 된다(p.234 참조). 더 나아가 과학자들은 생명이 시작되기 전 지구의 모습도 꽤 정확하게 상상할 수 있는데, 이 역시 팔레오아트의 좋은 소재다(오른쪽 이미지 참조).

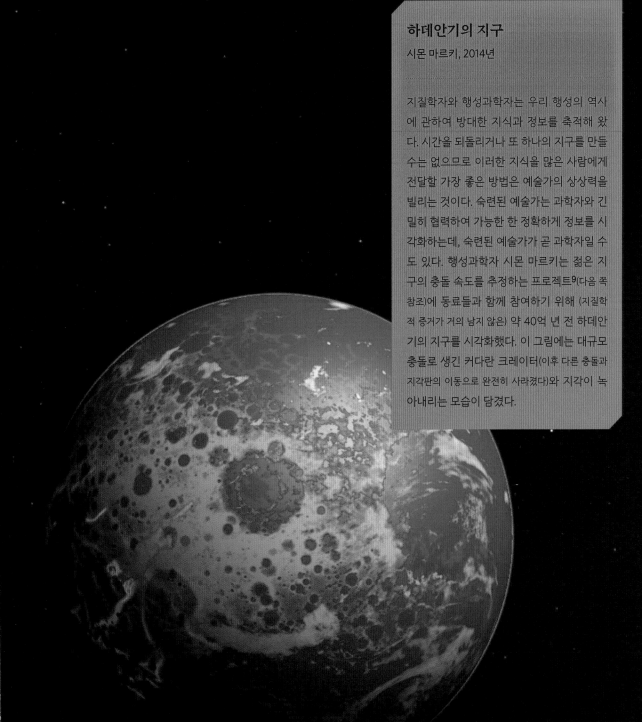

하데안기의 지구

시몬 마르키, 2014년

지질학자와 행성과학자는 우리 행성의 역사에 관하여 방대한 지식과 정보를 축적해 왔다. 시간을 되돌리거나 또 하나의 지구를 만들 수는 없으므로 이러한 지식을 많은 사람에게 전달할 가장 좋은 방법은 예술가의 상상력을 빌리는 것이다. 숙련된 예술가는 과학자와 긴밀히 협력하여 가능한 한 정확하게 정보를 시각화하는데, 숙련된 예술가가 곧 과학자일 수도 있다. 행성과학자 시몬 마르키는 젊은 지구의 충돌 속도를 추정하는 프로젝트9(다음 쪽 참조)에 동료들과 함께 참여하기 위해 (지질학적 증거가 거의 남지 않은) 약 40억 년 전 하데안기의 지구를 시각화했다. 이 그림에는 대규모 충돌로 생긴 커다란 크레이터(이후 다른 충돌과 지각판의 이동으로 완전히 사라졌다)와 지각이 녹아내리는 모습이 담겼다.

하데안기의 지구 풍경

시몬 마르키, 댄 더다, 사우스웨스트연구소,
2014년

하데안기(p.231 참조)에 이 땅은 어떤 모습이었
을까? 이 그림은 시몬 마르키와 댄 더다가 지
구 탄생 초기 수억 년 동안 지구에 벌어진 극
적인 상황을 시각화한 것이다. 행성과학자들
은 대규모 충돌로 발생한 열이 지각의 암석을
녹임으로써 물과 이산화탄소 같은 휘발성 화
합물이 방출된 과정과 이로 인해 대기가 형성
된 과정을 연구해 왔다.[10] 이 그림에서는 달이
얼마나 큰지 주목할 필요가 있다. 지구의 유
일한 자연 위성인 달은 매년 약 4cm씩 멀어
지므로 40억 년 전에는 지금보다 훨씬 가까
이 있었다.

실루리아기 후기 풍경 상상도
리처드 존스, 연도 미상

고생물학자들은 지난 200년 동안 발견된 화석들을 모아 오늘날 살아 있는 생물체와 비교함으로써 지구의 고대 풍경이 어땠을지 추정한다. 실루리아기 후기(약 4억 3000만 년 전)에는 바다에 동물들이 넘쳐났지만, 육지에는 기어 다니는 작은 곤충과 거미류만 있었다. 하지만 식물은 이끼뿐 아니라 관다발식물(토양에서 물을 끌어 올리는 물관을 가진 식물)도 있었다. 이 그림에 보이는 작고 붉은 꼬투리 모양 식물은 최초의 관다발식물로 알려진 쿡소니아(*Cooksonia*)이고, 키가 1m까지 자라는 석송류 식물인 바라과나티아(*Baragwanathia*)도 보인다. 또 프로토택사이트(*Prototaxites*)라는 곰팡이가 풍경을 지배하고 있는데, 이 중 일부는 높이 25m, 지름 1m 이상까지 자라나 있다.

석탄기 숲을 재현한 디오라마

필드자연사박물관, 1929~1991년

디오라마는 특정 주제에 관한 지식을 알기 쉽고 기억에 잘 남도록 전달하는 좋은 방법이다. 시카고의 필드자연사박물관에 1929년에 설치한 위의 디오라마는 1991년에 철거하기 전까지 여러 번 업데이트되었다. 이 디오라마는 석탄기(3억 5900만 년~2억 9900만 년 전)의 화석을 자세히 연구하여 만든 것이다. 19세기 말과 20세기 초에 인기를 끈 디오라마는 그전까지 유리 상자 안에 라벨을 붙여 전시했던 화석 모음을 대체하게 되었다. 현대의 박물관 디오라마는 컴퓨터 애니메이션, 애니매트로닉(animatronic, animation과 electronic을 합친 말) 모형, 대화형 디스플레이 등의 기술을 이용해 더욱 생생하고 흥미롭게 구성하고 있다.

털매머드 복원도

로만 볼투노프, 1805년

1805년, 순록 농장을 운영하던 오시프 슈마코프는 상인이었던 로만 볼투노프에게 털매머드(*Mammuthus primigenius*)의 엄니 한 쌍을 팔았다. 슈마코프는 시베리아 북부 레나강 삼각주의 녹아 가는 얼음 속에 온전한 매머드 사체가 누워 있다고 볼투노프에게 말했다. 두 사람은 매머드의 사체를 보러 갔고, 볼투노프는 그때 측정한 치수를 토대로 기억을 더듬어 이 그림을 그렸다. 아마도 사체는 부패해 형태가 변형되었을 것이므로 볼투노프의 그림이 정확하다고 할 수는 없다. 하지만 이것은 뼈에 살과 가죽이 남아 있는 유해를 기반으로 한 최초의 털매머드 그림이다. 이듬해에 식물학자 미하일 애덤스가 이 사체와 그림을 상트페테르부르크의 쿤스트카메라(현재 이름은 표트르대제인류학·민족지학박물관)로 가져갔다. 원본 그림은 분실되었고, 아래 그림은 하단에 설명을 붙여 자연주의자 요한 블루멘바흐에게 보냈던 사본이다.[11]

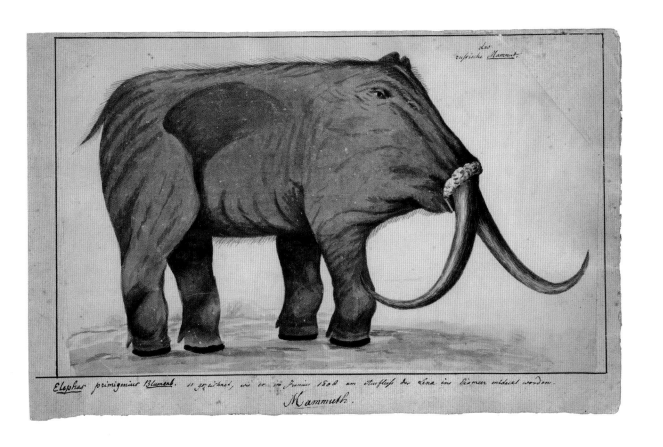

깊이 들여다보기: 공룡, 익룡, 새

수천 년 동안 사람들은 공룡을 비롯해 오래전에 멸종한 동물들의 뼈를 발견해 왔지만, 그런 화석을 거인이나 하늘을 나는 괴물 등 전설 속 생물의 뼈라고 믿었다. 그러다가 18~19세기 무렵부터 이 뼈들을 '현존하지만 아직 발견되지 않은' 종의 것으로 여기기 시작했다. 그때까지 알려진 다른 동물과 달리 날개가 있으면서 길고 가느다란 팔과 발톱을 가진 익룡이 바로 그런 사례 중 하나다.

코시모 알레산드로 콜리니는 1784년에 익룡 화석에 관해 최초로 설명하고 그 기원을 탐구한 박물학자다. 콜리니는 익룡의 팔이 박쥐의 날개막과 비슷한 기능을 했으리라 짐작했다. 하지만 익룡 화석이 해안 암석에서만 발견되었던 까닭에 그것이 해양 동물일 것으로 판단했다. 그때만 해도 생물 종이 생겨나고 사라진다는 개념은 상상도 할 수 없었으므로 당시의 박물학자들은 콜리니가 발견한 것이 그저 희귀한 종이거나 바다에 살고 있겠거니 생각했다. 1801년, 해부학자 조지 퀴비에는 날개 끝에 있는 발톱을 보고 이 동물을 날아다니는 파충류로 추측했고, 1810년에는 '날개 달린 손가락'이라는 뜻의 '프테로닥틸'이라는 이름을 제안했다. 현재는 프테로닥틸루스(*Pterodactylus*)를 익룡목으로 분류되는 집단 내에서 멸종된 속(genus)으로 간주하는데, 실제로 익룡목은 모두 날아다니는 파충류에 속한다.

19세기부터 화석에 관한 관심이 높아지면서 과학자들은 화석이 멸종된 동물의 유해임을 깨닫기 시작했다. 1820년대에 지질학자 기디언 맨텔은 이구아나의 이빨과 비슷한데 훨씬 더 큰 이빨을 발견했고, 이 이빨을 소유한 이구아나는 분명 거대했으리라 믿었다. 맨텔은 이 도마뱀 화석에 '이구아나 이빨'이라는 뜻을 담아 그리스어로 이구아노돈(*Iguanodon*)이라는 이름을 붙였다. 1841년에는 고생물학자 리처드 오언이 '끔찍한(또는 무서운) 도마뱀'을 의미하는 '공룡'이라는 용어를 만들었다. 흔히 익룡이 어룡, 수장룡과 함께 공룡의 한 종류라고 생각하는 사람이 많은데, 아마도 초기 팔레오아트에 익룡이 공룡과 함께 묘사된 경우가 많았기 때문일 것이다(오른쪽 그림 포함). 알고 보면 이들은 모두 서로 다른 계통에서 나왔다. 하지만 익룡이 날아다니는 공룡으로 널리 알려진 것은 어쩌면 잘된 일이다. 왜냐면 오늘날 우리가 알고 있는 '깃털을 달고 날아다니는 동물', 즉 새가 사실상 살아 있는 공룡이라는 사실을 쉽게 받아들이도록 해 주었기 때문이다.

〈두리아 안티퀴오르〉

헨리 드라베시의 수채화, 1830년

최초의 팔레오아트로 꼽히는 이 수채화의 제목은 〈두리아 안티퀴오르(*Duria Antiquior*)〉, 즉 '도싯의 고생물'이다. 지질학자이자 예술가였던 헨리 드라베시가 당시 화석 수집가들이 발견한 화석, 특히 잉글랜드 도싯에 살았던 저명한 고생물학자 메리 애닝이 발견한 화석을 재현하기 위해 이 그림을 그렸다. 그림 속에는 익룡(하늘을 나는 동물), 어룡(악어 모양 해양 파충류), 수장룡(목이 긴 해양 파충류)이 모두 보이고, 수장룡 한 마리가 어룡의 공격을 받고 있다.

케찰코아틀루스 노르트로피 복원도

존슨 모티머, 2016년

케찰코아틀루스는 속명이다. 하지만 이 속에서 알려진 종은 케찰코아틀루스 노르트로피(*Quetzalcoatlus northropi*) 한 종뿐이다. 케찰코아틀루스속은 아즈다르코과(Azhdarchidae)에 속하는데, 이 과의 생물은 모두 비행 파충류였다. 이들은 거대한 두개골(이 그림에 묘사된 것보다 훨씬 더 크다)을 가졌고, 머리 꼭대기에 큰 볏이 있었다. 육지에서 네 발로 걷는 데 잘 적응한 동시에 공중으로 높이 날아오를 수도 있었을 것이다. 부리처럼 생긴 턱은 물고기를 잡거나 이미 죽은 물고기를 먹기에 완벽했을 것이다.

공룡과 새의 진화적 연관성에 관한 첫 번째 단서는 1860년대에 시조새(*Archaeopteryx*) 화석이 발견되면서 드러났다. 시조새 화석은 일반적으로 키가 약 30cm에 깃털이 있는 날개 같은 팔을 가진 전형적인 새의 모습을 하고 있었지만, 도마뱀처럼 긴 꼬리와 팔 끝에 달린 발톱 등 공룡의 특징도 띠고 있었다. 사람들은 20세기 내내 새가 공룡의 후손인 줄 알았으나 그 생각은 박물학자들이 새와 공룡의 해부학적 구조에서 뚜렷한 차이를 발견하면서 점차 사그라졌다. 그러다가 1970년대에 시작된 공룡 르네상스(p.230 참조)와 함께 다시금 부상했다. 이후 고생물학자들은 깃털 달린 공룡 화석을 더 많이 발견했는데, 그중 다수는 시조새보다 새를 더 닮았으며, 모두 수각류라고 부르는 공룡의 군(종의 큰 집단)에 속하는 것들이었다.[12] 이들 모두 깃털뿐 아니라 속이 빈 가벼운 뼈 등 새의 중요한 해부학적 특징을 띠고 있었다. 현대 고생물학자들은 6600만 년 전의 백악기-팔레오기 대멸종 당시 모든 공룡이 후손 없이 멸종한 것은 아니라는 데 의견을 모으고 있다. 살아남은 공룡들은 아마도 보온을 위해 깃털을 진화시켰을 것이며, 오늘날 살아 있는 1만여 종의 조류는 바로 그 직계 후손이다.

중요한 점은 모든 새는 공룡(수각류의 후손)이지만, 모든 공룡이 새의 직계 조상은 아니며, 멸종한 비행 파충류 역시 모두 공룡이었던 것은 아니라는 사실이다. 익룡은 수각류도 아니고 공룡도 아니었으며 새도 아니었다. 익룡은 비행 파충류였으며, 트라이아스기부터 백악기 후기(2억 2000만~6600만 년 전)까지 공룡과 함께 살았다. 특히 주목받는 익룡 중 하나이자 지금까지 발견된 가장 큰 비행 동물은 케찰코아틀루스(*Quetzalcoatlus*)이다. 기린만 한 크기의 케찰코아틀루스는 성체의 날개 길이가 10m 조금 넘었으며, 약 7500만 년 전부터 백악기-팔레오기 대멸종 전까지 북아메리카에 서식했다. 첫 화석은 1975년에 발견됐고,[13] 이름은 아스텍 신화에 등장하는 깃털 달린 뱀의 신 '케찰코아틀'에서 따왔다. 하지만 케찰코아틀루스는 실제로 깃털을 가진 것이 아니라(다른 익룡도 마찬가지였지만), 부섬유(pycnofiber)라는 조밀한 섬유로 덮여 있었다.[14] 부섬유는 새의 깃털보다는 오히려 포유류의 털과 더 비슷하다. 케찰코아틀루스의 생활 방식에 관해서는 고생물학자들도 아직 확신하지 못하지만, 길고 이빨이 없는 부리 모양 턱은 황새처럼 물속을 거닐며 먹이를 찾는 조류와 비슷하다.[15]

티라노사우루스 상상도
제임스 쿠터, 연도 미상

고생물학자들은 1960년대 후반부터 특정 공룡과 새 사이의 밀접한 관계를 알아차리기 시작했다. 하지만 얼마나 많은 공룡 종이 깃털을 가지고 있었는지는 21세기에 들어서야 알게 되었다. 오랫동안 깃털 없는 공룡으로 표현되었던 티라노사우루스(*Tyrannosaurus*)도 이 상상도에 보이는 것처럼 등판과 꼬리 아래쪽에 깃털 다발이 있는 수각류(p.241 참조)였다. 티라노사우루스가 먹이 사슬에서 차지하는 위치에 대해서는 여러 의견이 있지만, 최상위 포식자일 뿐 아니라 시체 청소부 역할도 했다는 증거가 발견되었다.16 백악기 후기(1억~6600만 년 전)에 지금의 북아메리카 지역에 살았던 이 그림 속의 티라노사우루스 모습에 그 모든 특징이 잘 나타나 있다. 배경에 보이는 다른 종은 에드몬토사우루스(*Edmontosaurus*)이다.

네안데르탈인 복원도

헤르만 샤프하우젠, 1888년

'네안데르탈인'이라는 용어는 독일의 뒤셀강 계곡인 네안데르탈에서 유래했다. 그곳에서 1856년에 광부들이 두개골 상부, 골반, 몇 개의 긴 뼈 등 화석화된 인간 뼈를 발견했다. 지역 학교의 교사였던 요한 플로트는 그 뼈가 현생 인류의 것이 아님을 알아차리고, 눈썹뼈

가 뚜렷이 솟아오른 두개골의 모형을 해부학자이자 인류학자인 헤르만 샤프하우젠에게 보냈다. 샤프하우젠이 화석을 연구한 뒤, 두 사람은 1857년에 연구 결과를 발표했다. 7년 후에 지질학자 윌리엄 킹은 이 종을 호모 네안데르탈렌시스(*Homo neanderthalensis*)로 부르자고 제안했다. 샤프하우젠은 1850년대 말에 네안데르탈인의 머리가 어떻게 생겼을지 스케치하기 시작했고, 여러 차례 수정한 끝에 완성한 것이 바로 아래의 그림이다.

오스트랄로피테쿠스 세디바
복원 모형

아드리 케니스, 알폰스 케니스,
독일 네안데르탈인박물관, 연도 미상

일란성 쌍둥이인 아드리와 알폰스 케니스는
자신들의 작품에 '예술'과 '인류 진화'라는 두
가지 관심사를 접목했다. 이들은 선사 시대
인류의 모형을 생생하게 만들어 내는데, 모형
의 정확성에 대해서는 아직 많은 추측과 이견
이 있다.[17] 이들 쌍둥이 형제는 뼈를 상세하

게 스캔한 결과물을 이용해 3D 프린터로 골
격을 만든다. 그런 다음 근육과 주요 정맥·동
맥을 추가하고, 그 위에 실리콘층을 입힌다.
아래 작품은 약 200만 년 전 남아프리카공
화국에 살았던 오스트랄로피테쿠스 세디바
(Australopithecus sediba)의 모습을 복원한 것
이다. 오스트랄로피테쿠스는 약 400만 년 전
에 출현한 유인원의 한 속으로, 약 100만 년
전에 멸종했다. 현생 인류인 호모 사피엔스
(Homo sapiens)가 속한 호모속은 오스트랄로
피테쿠스에 속하는 하나 이상의 종으로부터
진화했다.[18]

무한한 가능성의 만남, 우주예술

상상력으로 탐험하는 우주

선사 시대를 표현하는 예술 분야에 이름이 있듯이 직접 보지 못한 심우주를 표현하는 예술에도 이름이 있다. 짐작하다시피 천문예술(천체만 다룬 경우), 더 일반적으로는 우주예술(space art)이라고 부른다. 사람들은 수 세기 전부터 심우주의 모습을 상상해 왔지만, 우주예술이 현실성을 갖추게 된 것은 천문학과 천체물리학이 급속도로 발전하고 실제 우주 탐사의 가능성이 열린 지난 세기 정도가 되어서였다.

20세기 초에 활동한 초창기 우주예술가 중 한 명은 열렬한 아마추어 천문가 스크리븐 볼턴이었다. 그는 달이나 행성 표면의 모형을 석고로 만들고 사진을 찍은 뒤, 그 사진 위에 직접 별을 그려 넣는 등 가능한 한 과학적으로 정확한 작품을 만들고자 애썼다.[19] 우주예술의 또 다른 선구자로는 천문학자인 루시앙 루도가 있다. 그의 작품들도 태양계의 모습을 정확하게 묘사한 것으로 유명했다. 우주 탐험을 사실적으로 표현한 최초의 예술가는 체슬리 보네스텔이다. 그는 천문학자나 우주 비행 기술자는 아니었지만, 사실적인 이미지를 제작하기 위해 무던히 노력했다. 영화계에서 특수 효과 화가로 활동했던 보네스텔은 로켓, 우주 정거장, 달과 화성의 기지 등을 그려 우주 시대 초창기에 자라나던 세대에게 꿈과 상상력을 심어 주었다.[20]

검증할 수 있는 상상

우주예술과 팔레오아트는 작품의 주제가 확실히 다르다. 더불어 한 가지 차이점이 더 있다. 우리는 과거로 되돌아가서 팔레오아트 작품을 실제와 비교할 순 없지만(멸종된 종을 쥐라기 공원 스타일로 재현하지 않는 이상), 우주예술에 담긴 장면 중에는 이미 이미지로 포착된 것도 있고, 앞으로 그럴 가능성도 충분히 있다. 실제로 체슬리 보네스텔은 토성의 고리를 놀랍도록 정교하게 그렸는데, 이후 우주 탐사선이 비슷한 장면을 사진으로 포착했다. 미래의 망원경은 외계 행성(p.252~255 참조)의 세부 모습까지 자세히 보여 주거나, 현재 희미하고 흐릿한 점으로만 보이는 퀘이사의 이미지도 선명하게 만들어 낼 수 있을 것이다. 물론 예술적 상상력 없이는 영원히 볼 수 없는 장면도 있을 것이다. 가령 아무리 먼 훗날이라도 우리은하의 실제 모습을 은하계 밖에서 볼 수 있으리라 상상하기는 어렵다(p.262 참조).

초기 우주예술 작품 두 가지

루시앙 루도, 1940년대(위)
막스 마이어의 동료들, 1885년(아래)

예술가들은 장소에 대한 약간의 지식과 이해
가 있으면 직접 가 보지 않고도 그곳의 모습
을 사실적으로 표현할 수 있다. 여기 있는 두
그림도 그렇다. 위쪽 그림은 화성의 위성 중
하나에서 바라본 화성의 모습이다. 미적인 아
름다움과 상상력이 돋보이는 이 그림은 화가
루시앙 루도가 천문학자이기도 해서 더욱 사
실적으로 표현되었다. 아래 그림은 달의 플라
토 크레이터를 상상하여 그린 작품인데, 하늘
에 지구가 보인다. 이 작품은 많은 대중에게
과학을 알리는 데 앞장선 천문학자 막스 빌헬
름 마이어를 위해 그의 동료들이 제작한 것으
로, 마이어가 오스트리아 빈에 설립한 천문극
장에서 공개되었다.

달의 '루비 원형 극장' 상상도

〈뉴욕선〉 신문, 1835년

때로 우주예술가의 상상은 그릇된 오해를 불러일으킬 수 있다. 인류가 실제로 달에 발을 딛기 134년 전인 1835년, 〈뉴욕선〉 신문은 세계적으로 유명한 천문학자 윌리엄 허셜 경이 달의 문명을 발견했다고 꾸며 낸 기사를 모두 6회에 걸쳐 연재했다. 이 석판화는 그 기사와 함께 실린 이미지 중 하나다. 그런데 허셜 경은 실존 인물이지만, 기사를 쓴 앤드루 그랜트 박사는 허구의 인물이었다. 이 그림 속 생명체들은 허구의 그랜트 박사가 그려 낸 상상 속의 생명체로, 털로 덮인 박쥐 같은 인간형 생물, 다리가 두 개인 비버, 심지어 외뿔 염소까지 있다.[21] 또 기사에는 거대한 자수정, 큰 강, 드넓게 펼쳐진 짙붉은 꽃동산, 해변까지 묘사되어 있었다. 많은 독자뿐 아니라 일부 과학자들도 그 기사에 속아 넘어갔고, 신문 발행 부수는 폭발적으로 증가했다.

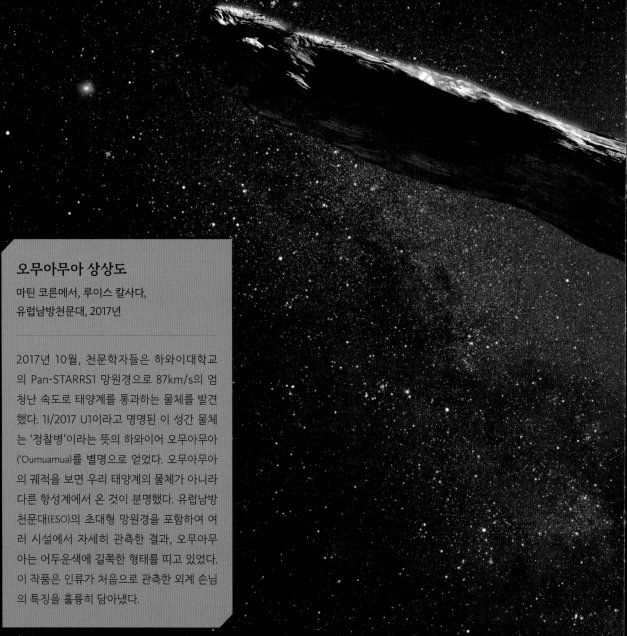

오무아무아 상상도

마틴 코른메서, 루이스 칼사다,
유럽남방천문대, 2017년

2017년 10월, 천문학자들은 하와이대학교
의 Pan-STARRS1 망원경으로 87km/s의 엄
청난 속도로 태양계를 통과하는 물체를 발견
했다. 1I/2017 U1이라고 명명된 이 성간 물체
는 '정찰병'이라는 뜻의 하와이어 오무아무아
('Oumuamua)를 별명으로 얻었다. 오무아무아
의 궤적을 보면 우리 태양계의 물체가 아니라
다른 항성계에서 온 것이 분명했다. 유럽남방
천문대(ESO)의 초대형 망원경을 포함하여 여
러 시설에서 자세히 관측한 결과, 오무아무
아는 어두운색에 길쭉한 형태를 띠고 있었다.
이 작품은 인류가 처음으로 관측한 외계 손님
의 특징을 훌륭히 담아냈다.

깊이 들여다보기: 외계 행성

오랫동안 천문학자들은 태양계 밖에도 다른 별의 주위를 도는 행성이 있을 것으로 추정해 왔다. 20세기 중반에 몇 차례의 잘못되거나 확인되지 않은 관측을 거쳐 1992년에 처음으로 외계 행성이 확인되었다. 그 뒤로 더 많은 외계 행성이 발견되어 2022년에는 5,000개가 넘었다. 지금까지 발견된 모든 외계 행성은 우리은하의 크기보다 훨씬 작은 3,000광년 이내에 있다. 우리은하 전체에는 약 1000억 개의 별을 포함해 행성이 매우 흔하게 존재한다. 마찬가지로 다른 은하에도 행성이 흔하지 않을 이유가 전혀 없다. 실제로 천문학자들은 2021년에 처음으로 다른 은하에서 외계 행성을 잠정적으로 발견했다고 발표했다.[22] 우주에 있는 행성의 수는 머리가 핑 돌 정도로 많으며, 상상할 수 있는 거의 모든 종류의 행성이 존재할 것이다. 물론 생명체가 사는 행성도 분명 있을 것이다.

별은 굉장히 멀리 떨어져 있어서 우리 눈에는 한 점 빛으로만 보인다. 개중에 아주 크고 가까운 몇몇 별은 성능 좋은 망원경으로 보면 작은 원반처럼 보이기도 한다. 행성은 별보다 훨씬 더 작고 스스로 빛을 내지도 않는다. 그래서 천문학자들은 외계 행성을 탐지하기 위해 몇 가지 기발한 방법을 사용한다. 현재까지 가장 뛰어난 두 가지 기술은 '도플러 분광법'과 '통과 측광법'이다.

첫 번째 방법은 도플러 효과를 이용한다. 이는 구급차가 관측자에게 다가왔다가 멀어질 때 사이렌의 음높이가 변하는 것과 같은 현상이다. 행성이 별 주위를 돌 때, 두 천체 간의 중력 상호 작용으로 별이 흔들리는데, 별이 흔들리면서 내뿜는 빛의 진동수는 도플러 효과에 의해 위아래로 변한다. 천문학자들은 이 진동수 변화를 통해 궤도의 주기(행성이 궤도를 한 바퀴 도는 데 걸리는 시간)와 거리, 행성의 질량 등을 계산할 수 있다. 이 방법을 이용하는 시설로는 칠레 라실라천문대의 고정밀시선속도측정행성탐색기(HARPS)와 하와이 W.M.켁천문대의 고해상도에셸분광기(HIRES)가 있다.

두 번째 방식인 통과 측광법은 행성이 별 앞을 지나갈 때(통과) 별에서 나오는 빛을 측정(측광)하는 방법이다. 별빛이 얼마나 정기적으로 어두워지는지에 따라 궤도 주기를 알 수 있고, 빛이 어두워지는 정도에 따라 행성의 크기를 추정할 수 있다. 케플러우주망원경(p.130~131 참조)이 이 방법을 이용했다.

트라피스트-1 상상도

ESO/N. 바르트만/spaceengine.org, 2017년

2015년, 벨기에 천문학자들이 어두운 초콜릿색을 띠는 초저온 적색왜성인 2MASS J23062928-0502285[23](이 별은 1999년에 2MASS* 프로젝트로 발견했다) 주위에서 세 개의 행성을 발견했다. 행성을 발견하는 데 유럽남방천문대의 시설인 트라피스트(TTRAPPIST, 행성·미행성통과탐사용소형망원경)가 사용되어서 이 별을 트라피스트-1이라고 부르기도 한다. 천문학자들은 이후에도 이 별 주위에서 네 개의 행성을 추가로 발견했다. 왼쪽 상상도는 트라피스트-1 행성계에 있는 어느 행성의 표면에서 바라본 우주의 광경이다. 앞쪽에 보이는 행성 표면에서 모항성인 트라피스트-1을 바라보는 시점으로, 다른 행성이 별을 통과하는 모습도 나타냈다.

* 적외선으로 하늘 전체를 관측한 천문학 조사로, 1997~2001년에 두 곳의 천문대에서 진행했다.

트라피스트-1의 행성 풍경 상상도

마틴 코른메서, ESO, 2016년

정보를 바탕으로 한 상상력에 예술적 기량을 더해 창조한 이 작품은 트라피스트-1 행성계에 있는 어느 행성 표면에서 모항성을 바라본 풍경이다. 원반 모양 별을 가로지르는 행성과 나머지 한 행성도 보인다. (이 그림은 행성이 세 개만 발견되었던 2016년에 제작되었다.) 그림을 보면 이곳에는 고체와 액체 상태의 물이 공존하고 있으며, 대기 중에는 수증기도 존재할 것이다. 이 행성은 우리 태양계를 포함한 대다수 행성계의 내행성과 마찬가지로 암석으로 이루어졌다. 암석 광물에 존재하는 원소들, 액체 상태의 물, 대기와 별의 에너지가 모두 합쳐지면 생명체가 탄생할 수도 있다.

천문학자들은 우리은하에 있는 외계 행성을 약 1000억 개로 추정한다. 마찬가지로 다른 은하에도 최소 1000억 개 이상의 외계 행성이 있을 것으로 본다. 그러니 은하의 크기, 구성, 궤도 거리 및 모항성 유형이 상상할 수 없을 정도로 다양할 것이다. 이런 사실은 상상력을 자극하는 토대로서 과학 소설이나 상상도의 무궁무진한 소재가 된다. 가령 트라피스트-1 행성계의 일곱 행성은 모두 지구와 크기가 비슷한 암석 행성임을 알 수 있다. 또 이들 행성의 반 정도가 '거주 가능 영역(모항성으로부터 적당히 떨어진 지점)'에 있어서 표면에 액체 상태의 물이 존재할 가능성이 있다. 이 영역은 우리 태양계의 거주 가능 영역보다 훨씬 더 모항성에 가까운데, 이는 트라피스트-1이 태양보다 훨씬 차갑기 때문이다. 심지어 일곱 행성 모두 태양과 수성의 거리보다 더 가까운 거리에서 자기들의 별을 공전한다. 중요한 점은 그 행성들의 표면 온도가 생명체가 존재하기에 딱 알맞다는 것이다. 그러므로 트라피스트-1의 행성들은 태양계 외부에서 생명체를 탐색하기에 가장 적합한 대상이다. 트라피스트-1은 지름이 태양의 10분의 1에 불과하고, 수소와 헬륨을 천천히 태운다. 이는 별의 수명이 매우 길어 행성에 생명체가 발달하고 정착할 만한 안정적인 조건을 만들어 준다는 의미다. (하지만 다른 측면에서 적색왜성은 생명체가 있는 행성을 거느리기에 이상적이지 않다.[24])

트라피스트-1은 40광년이나 떨어져 있어서 미래의 우주 탐사선이나 우주 비행사가 이 별을 방문하여 행성들의 실제 이미지를 촬영할 가능성이 극히 희박하다. 하지만 행성계 형성 과정을 연구하는 천체물리학, 행성물리학, 화학 등 여러 관련 분야의 지식과 이해가 있다면, 예술가의 상상도는 얼마든지 설득력 있고 흥미진진하게 표현될 수 있다. 천문학자들은 앞으로 수십 년 동안 제임스웹우주망원경을 포함한 우주 기술의 발전에 힘입어 머나먼 행성들의 대기 화학 조성도 밝혀낼 수 있을 것이다.[25] 그렇게 되면 우주에서 생명체를 발견할 가능성이 더 커지고, 상상도의 정확성도 더욱 향상될 것이다.

소행성 주변 물질 상상도

마크 A. 갈릭, 하버드&스미스소니언
천체물리학센터, 2015년

중소형 별이 수명을 다하면 붕괴하여 밀도가
매우 높고 뜨거운 백색왜성이 된다. 2015년에
케플러우주망원경은 지구에서 약 570광년
떨어진 백색왜성 WD 1145+017의 밝기가 주
기적으로 감소하는 것을 감지했다. 이런 밝기
감소는 행성이나 다른 공전 물체가 별 앞을
지나갈 때 발생하는 현상으로, 케플러우주망
원경은 이를 관측해 수많은 외계 행성을 발견
할 수 있었다(p.252 참조). 그런데 이 별의 밝기
곡선은 모양이 일반적이지 않았다. 이는 별
주위를 도는 물체가 혜성처럼 희미한 물질의
헤일로로 둘러싸여 있음을 시사했다. 이 관측
결과는 많은 백색왜성의 대기가 칼슘, 규소,
마그네슘과 같은 원소로 '오염'되는 이유를
밝히는 가설과 일치했다.[26] 현재 연구가 진행
중인 상황을 깔끔하게 정리한 이 작품은 우리
가 직접 볼 수 없는 장면을 사실적이고 흥미
롭게 담아냈다.

중력파 상상도
라이고/T. 파일, 2016년

중력파는 블랙홀 합병과 같은 격렬한 천문학적 사건으로 발생하여 연못의 잔물결처럼 주변으로 퍼져 나가는 시공간 교란 현상이다. 알베르트 아인슈타인은 1915년에 발표한 일반상대성이론에서 중력파의 존재를 예측한 바 있다. 2016년, 라이고(LIGO, 레이저간섭계중력파관측소)의 과학자들은 2015년에 두 차례에 걸쳐 중력파를 검출했다고 발표했다. 이 상상도는 2015년 12월에 관측된 두 번째 중력파를 표현한 것이다.[27] 당시 라이고가 검출한 중력파는 태양 질량의 14배와 8배에 달하는 두 개의 블랙홀이 나선형으로 서로 공전하다가 합쳐지면서 발생했다. 이 중력파는 빛의 속도로 이동하여 지구에 도달하는 데 13억 년이 걸렸다. 이 합병의 결과로 회전하는 블랙홀 한 개가 탄생했다. 그런데 질량이 태양의 21배였다. 태양 하나만큼의 질량이 줄어든 것이다. 이 '잃어버린 질량'은 (아인슈타인의 유명한 질량-에너지 등가식 $E=mc^2$에 따라) 합병으로 방출된 파동의 에너지로 전환되었다.

퀘이사 3C 279 상상도

마틴 코른메서, ESO, 2012년

천문학자들은 세 개의 전파망원경에서 얻은 데이터를 조합해 퀘이사(p.185 참조) 3C 279에 관한 상세 정보를 구축했다. 이 퀘이사가 속한 은하는 50억 광년 떨어져 있으며, 퀘이사 중심에 있는 블랙홀의 질량은 약 10억 개의 태양과 맞먹는다. 전파망원경 데이터로 생성된 이미지는 매우 흐릿하지만, 퀘이사의 구조와 물리학 지식을 바탕으로 제작한 아래 상상도 덕분에 우리는 실제 퀘이사의 모습을 짐작해 볼 수 있다.

베텔게우스의 거대한 버섯구름

루이스 칼사다, ESO, 2009년

오리온자리에 있는 베텔게우스는 지름이 태양의 약 900배에 달하는 적색 초거성(p.136 참조)이다. 2009년에 천문학자들은 칠레의 초대형 망원경을 통해 역대 최고의 베텔게우스 이미지를 얻어 냈다. 당시 별의 표면에서 거대한 가스 구름이 펼쳐지는 것이 보였는데, 우리 태양계 전체만큼이나 큰 규모였다. 루이스 칼사다는 그 이미지에 초거성에 관한 물리학 지식을 더해 오른쪽과 같은 멋진 그림을 완성했다.

우리은하 상상도

NASA/제트추진연구소-캘리포니아공과대학교
/ESO/R. 허트, 2013년

천문학자들은 지상 망원경과 우주 망원경을
이용해 우리은하에 있는 수억 개 별들의 거리
와 속도, 성간 가스와 먼지의 분포를 기록해
왔다. 이러한 측정 결과를 통해 우리은하가
회전하고 있으며, 먼지-가스-별의 비율이 다
른 나선은하 또는 막대나선은하와 유사하다
는 것을 알아냈다. 또 우리은하는 모든 나선
은하와 막대나선은하의 특징대로 중앙부가
눈에 띄게 불룩하다. 태양계는 우리은하의 나
선 팔 중 하나에 자리 잡고 있다. 맑고 어두운
밤에 하늘을 올려다보면 은하수가 보이는데,
이는 우리가 나선 팔에서 은하의 중앙 쪽을
바라볼 때 펼쳐지는 풍경이다. 우리은하 전체
를 바라보는 일은 오직 이 같은 예술적 상상
을 통해서만 가능하다.

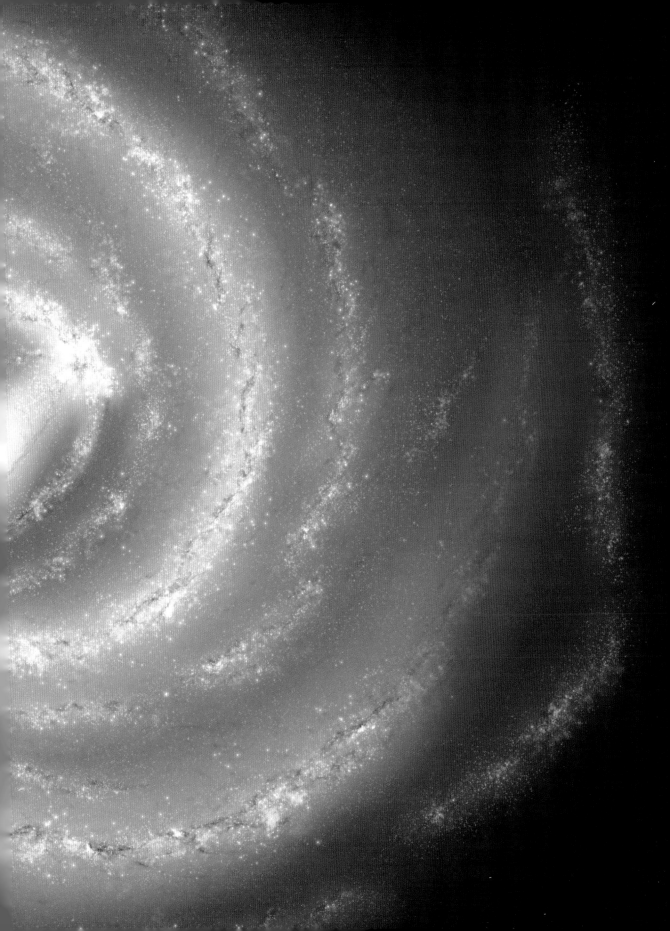

옮긴이의 말

《과학의 눈》을 번역할 기회가 나에게 온 것은 커다란 행운이었다. 번역가이기 전에 과학 교육자로서, 나는 학생들이 과학 과목 앞에서 느끼는 부담감을 잘 안다. 과학은 어려운 학문이라는 선입견을 품고 무거운 마음으로 책을 펼치거나 아예 관심조차 두지 않는 학생들도 적지 않다. 어떻게 하면 학생들이 과학에 흥미를 느낄까? 과학 지식을 좀 더 쉽게, 기왕이면 인상적으로 전달할 방법은 없을까? 나뿐 아니라 과학 교육자라면 누구나 이런 고민을 해 보았을 것이다. 나는 이 책을 번역하면서 고민을 조금 덜었다. 《과학의 눈》은 다양한 분야의 과학 지식을 복잡하게 설명하는 대신 한 장의 이미지로 함축해 눈앞에 대령하는 책이다. 책장을 넘길 때마다 호기심을 자극하고 강렬한 인상을 남기는 이미지들의 향연이 펼쳐지니, 누구라도 과학의 매력에 빠져들 수밖에 없으리라. '이런 사진은 대체 어떻게 찍었을까?', '내 몸의 세포가 저렇게 생겼다고?', '이 알쏭달쏭한 이미지의 정체는 뭐지?' 하는 궁금증을 느끼며 각각의 설명을 읽어 나가다 보면 어떤 지점에서는 의문이 풀리고, 또 다른 지점에서는 그 분야를 좀 더 알아보고 싶은 의욕이 샘솟기도 할 것이다. 이것이 바로 이미지의 효과, 시각화의 힘이다.

과학자들은 너무 작아서 볼 수 없는 것부터 너무 광대해서 볼 수 없는 것까지, 맨눈에는 보이지 않아도 우리 인간의 감각 저 너머에 분명히 존재하는 세상을 설명하기 위해 다양한 시각화 도구를 개발했다. 모눈종이 위에 손으로 그린 간단한 수치 그래프든, 컴퓨터 시뮬레이션으로 구현한 정교한 이미지든, 과학 지식을 시각화한 결과물에는 공통점이 있다. 첫째는 복잡한 이론이나 방대한 데이터를 한 장의 이미지에 담았다는 것이고, 둘째는 그 한 장의 이미지가 백 마디 설명보다 훨씬 설득력이 뛰어나다는 것이다.

이 책은 과학을 시각적으로 탐구하는 과정을 보여 줌으로써 오늘날 인류가 도달한 과학적 이해와 성과에 시각적 정보가 얼마나 큰 역할을 해 왔는지 증명한다. 뛰어난 과학 커뮤니케이터이자 수십 권의 과학책을 집필한 잭 챌로너는 이 책에서도 실력을 유감없이 발휘했다. 과학과 기술에 대한 폭넓은 지식과 열정, 복잡한 개념을 간단하게 설명하는 재주, 여기에 인상적인 이미지를 더함으로써 챌로너는 독자들에게 최고의 과학 만찬을 대접한다. 번역 작업을 통해 그의 열정을 한국 독자들과 공유할 수 있게 되어 기쁘다. 《과학의 눈》이 과학을 좋아하는 독자들에게는 영감을 주고, 과학의 매력을 미처 몰랐던 독자들에게는 발견의 기쁨을 선사한다면 역자로서 더할 나위 없이 뿌듯할 것이다. 하루가 다르게 발전하는 과학 기술 시대를 살아가는 우리 모두에게 이 책이 과학의 놀라운 세계로 안내하는 길잡이가 되리라 확신한다.

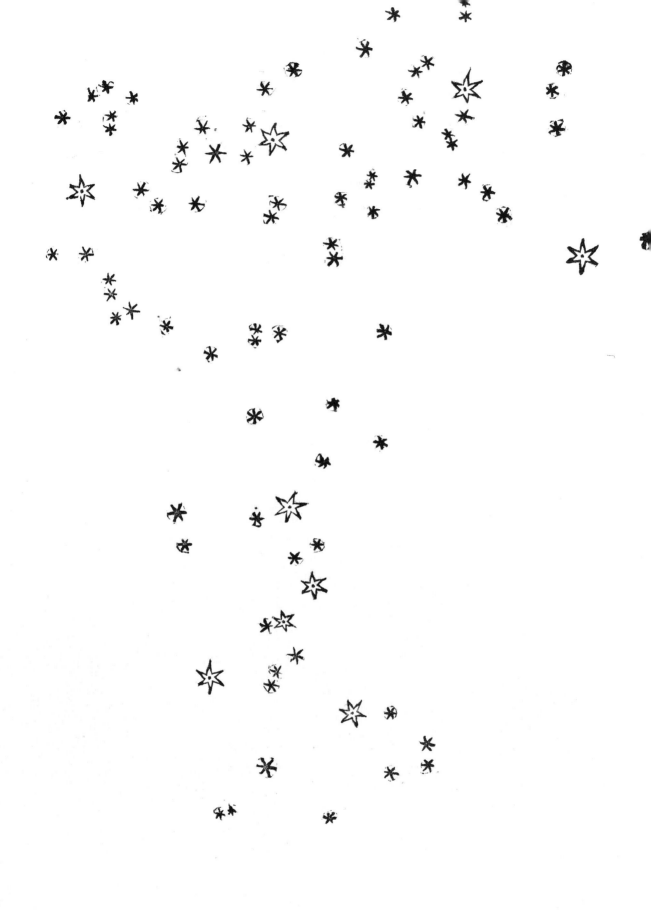

참고 자료

시작하며: 보다, 보여 주다

1   Excerpt from "A Comparison Between Poetry and Painting," from Leonardo da Vinci's undated manuscripts.

2   A. Brisbane, "Newspaper Copy That People Must Read." *Printers' Ink,* Volume LXXV, Number 3, p. 17. Decker Communications Inc., New York (1911). You can find the article by searching at www.hathitrust.org

3   M.C. Potter, B. Wyble, C.E. Hagmann, et al., "Detecting meaning in RSVP at 13 ms per picture." *Attention, Perception, & Psychophysics* 76, pp. 270–279 (2014). https://doi.org/10.3758/s13414-013-0605-z

4   Asifa Majid, Seán G. Roberts, Ludy Cilissen, Karen Emmorey, Brenda Nicodemus, Lucinda O'Grady, Bencie Woll, et al., "Differential Coding of Perception in the World's Languages." *Proceedings of the National Academy of Sciences* 115 (45): 11369 LP – 11376 (2018). https://doi.org/10.1073/pnas.1720419115

5   R. A. Barton, "Visual specialization and brain evolution in primates." *Proceedings of the Royal Society B: Biological Sciences*, 265(1409), 1933–1937 (1998). https://doi.org/10.1098/rspb.1998.0523

6   Lucy S. Petro et al., "Contributions of cortical feedback to sensory processing in primary visual cortex." *Frontiers in Psychology* vol. 5 1223 (6 Nov. 2014). doi:10.3389/fpsyg.2014.01223

7   Richard Buckminster Fuller, "Tunings," a recording made at his home in Sunset, Maine, on August 22, 1979.

1부 | 보이지 않는 것을 보이게 만들기

1   David C. Gooding, "From Phenomenology to Field Theory: Faraday's Visual Reasoning." *Perspectives on Science* 14 (1): 40–65 (2006). https://doi.org/10.1162/posc.2006.14.1.40

2   J.B. Jonas, U. Schneider, G.O. Naumann, "Count and density of human retinal photoreceptors." *Graefe's Archive for Clinical and Experimental Opthamology*; 230(6):505–10 (1992). doi: 10.1007/BF00181769. PMID: 1427131

3   S.S. Howards, "Antonie van Leeuwenhoek and the discovery of sperm." *Fertility & Sterility*; 67(1):16–7 (Jan 1997). doi: 10.1016/s0015-0282(97)81848-1. PMID: 8986676

4   J.D. Buddhue, "Meteoritic Dust" p. 102. *University of New Mexico Publications in Meteoritics 2*: Albuquerque, University of New Mexico Press (1950).

5   John M.C. Plane, "Cosmic dust in the earth's atmosphere." *Chemical Society Reviews* vol. 41,19 (2012): 6507-18. doi:10.1039/c2cs35132c

6   J. Warren, L. Watts, K. Thomas-Keprta, S. Wentworth, A. Dodson, and Michael E. Zolensky, "Cosmic dust catalog." Technical Report (1997).

7   Hope A. Ishii, John P. Bradley, Hans A. Bechtel, Donald E. Brownlee, Karen C. Bustillo, James Ciston, Jeffrey N. Cuzzi, Christine Floss, and David J. Joswiak, "Multiple Generations of Grain Aggregation in Different Environments Preceded Solar System Body Formation." *Proceedings of the National Academy of Sciences* 115 (26): 6608 LP – 6613 (2018). https://doi.org/10.1073/pnas.1720167115

8   J.R. Lemen, A.M. Title, D.J. Akin, et al.,"The Atmospheric Imaging Assembly (AIA) on the Solar Dynamics Observatory (SDO)." *Solar Physics* 275, 17–40 (2012). https://doi.org/10.1007/s11207-011-9776-8

9   Marina Venero Galanternik et al., "A novel perivascular cell population in the zebrafish brain." *eLife* vol. 6 e24369. (11 Apr. 2017). doi:10.7554/eLife.24369

10 B. Schuler, S. Fatayer, F. Mohn, et al., "Reversible Bergman cyclization by atomic manipulation." *Nature Chemisty* 8, 220–224 (2016). https://doi.org/10.1038/nchem.2438

11 F. Natterer, K. Yang, W. Paul, et al., "Reading and writing single-atom magnets." *Nature* 543, 226–228 (2017). https://doi.org/10.1038/nature21371

2부 | 데이터, 정보, 지식 그리고 시각화

1   James R. Beniger and Dorothy L. Robyn, "Quantitative Graphics in Statistics: A Brief History." *The American Statistician* 32, no. 1 (1978): 1-11. Accessed August 23, 2021. doi:10.2307/2683467

2   E. Hubble, "A relation between distance and radial velocity among extra-galactic nebulae." *Proceedings of the National Academy of Sciences of the United States of America* 15(3):168–173 (1929).

3   Neta A. Bahcall, "Hubble's Law and the Expanding Universe." *Proceedings of the National Academy of Sciences of the United States of America* 112 (11): 3173 LP – 3175 (2015). https://doi.org/10.1073/pnas.1424299112

4   M. Kleiber, "Body size and metabolic rate." *Physiological Reviews* 27 (4): 511–41 (October 1947).

5   M.E. Mann, R. Bradley, and M. Hughes, "Northern Hemisphere Temperatures During the Past Millennium: Inferences,

Uncertainties, and Limitations." *Geophysical Research Letters* 26: 759–762 (1999).

6   O. Rioul and M. Vetterli, "Wavelets and signal processing." *IEEE Signal Processing Magazine* vol. 8, no. 4, pp. 14–38 (Oct. 1991). doi: 10.1109/79.91217

7   F. Mazzocchi, "Could Big Data be the end of theory in science? A few remarks on the epistemology of data-driven science." *EMBO Reports* 16(10):1250–1255 (2015). doi:10.15252/embr.201541001

8   https://www.movebank.org

9   J. Shiers, "The worldwide LHC computing grid (worldwide LCG)." *Computer Physics Communications* 177(1-2):219 233 (2007).

10 J.W. Lichtman, H. Pfister, N. Shavit, "The big data challenges of connectomics. *Nature Neuroscience* 17(11):1448–1454 (2014). doi:10.1038/nn.3837

11 www.humanconnectomeproject.org

12 K. McDole et al., "In toto imaging and reconstruction of post-implantation mouse development at the single-cell level." (Published online October 11, 2018.) doi:10.1016/j.cell.2018.09.031

13 See, for example, A. Liew, "Understanding data, information, knowledge and their inter-relationships." *Journal of Knowledge Management Practice* 8(2), 1–16 (June 2007). ISSN 1705–9232

14 M. Mauri, T. Elli, G. Caviglia, G. Uboldi, and M. Azzi, "RAWGraphs: A Visualisation Platform to Create Open Outputs." In *Proceedings of the 12th Biannual Conference on Italian SIGCHI Chapter* (p. 28:1–28:5). New York, NY, USA: ACM (2017). https://doi.org/10.1145/3125571.3125585

15 M. Mauri, T. Elli, G. Caviglia, G. Uboldi, and M. Azzi, "RAWGraphs: A Visualisation Platform to Create Open Outputs." In *Proceedings of the 12th Biannual Conference on Italian SIGCHI Chapter* (p. 28:1–28:5). New York, NY, USA: ACM (2017). https://doi.org/10.1145/3125571.3125585

16 W. Van Panhuis, A. Cross, D. Burke, "Counts of Measles reported in UNITED STATES OF AMERICA: 1888–2002" (version 2.0, April 1, 2018): Project Tycho data release, DOI: 10.25337/T7/ptycho.v2.0/US.14189004

17 M. Krzywinski et al., "Circos: an Information Aesthetic for Comparative Genomics." *Genome Research* 19:1639–1645 (2009).

18 Jack Challoner, *Real Lives: John Snow*. London: A&C Black (2013).

19 William Smith, *A memoir to the map and delineation of the strata of England and Wales, with part of Scotland*. London, John Cary (1815).

20 R.D. Müller, M. Sdrolias, C. Gaina, and W.R. Roest, "Age, spreading rates and spreading symmetry of the world's ocean crust," *Geochemistry, Geophyisics, Geosystems* 9, Q04006 (2008). doi:10.1029/2007GC001743

21 www.showyourstripes.info

22 E. Bobek, B. Tversky, "Creating visual explanations improves learning." *Cognitive Research: Principles and Implications* 1(1):27 (2016). doi: 10.1186/s41235-016-0031-6. Epub 2016 Dec 7. PMID: 28180178; PMCID: PMC5256450.

23 In fact, Einstein wrote "the truth of a theory can never be proven. For one never knows if future experience will contradict its conclusion; and furthermore there are always other conceptual systems imaginable which might coordinate the very same facts." – from Albert Einstein, *The Collected Papers of Albert Einstein*, Volume 7, Document 28. Princeton University Press (2002).

24 Isaac Newton, *Opticks: or, A Treatise of the Reflexions, Refractions, Inflexions and Colours of Light*. London, Royal Society (1704).

25 Hüseyin Gazi Topdemir, "Kamal Al-Din Al-Farisi's Explanation of the Rainbow." *Humanity & Social Sciences Journal* 2 (1): 75–85 (2007). ISSN 1818-4960.

26 Sir John Ross, *Appendix to the Narrative of a Second Voyage in Search of the North-West Passage and of a Residence in the Arctic Regions During the Years 1829, 1830, 1831, 1832, 1833*. London, A.W. Wester (1835).

27 This version courtesy of the European Southern Observatory.

28 See, for example, Jack Challoner, *The Atom: A Visual Tour*. Cambridge, MA, MIT Press (2018).

29 Christiaan Huygens, *Traité de la lumière, où sont expliquées les causes de ce qui luy arrive dans la réflexion, et dans la réfraction, et particulièrement dans l'étrange réfraction du cristal d'Islande*, pp. 92–94. Leiden: Pierre van der Aa, (1690).

30 Daniel Bernoulli, *Hydrodynamica – sive de viribus et motibus fluidorum commentarii*, fig. 56. Strassburg: Johann Heinrich Decker (1738).

31 John Dalton, *A New System of Chemical Philosophy*, Plate 4. London, R. Bickerstaff (1808).

32 David Lindley, *Boltzmann's Atom: The Great Debate That Launched a Revolution in Physics*. New York, The Free Press (2001).

33 Alfred Korzybski, *Science and Sanity. An Introduction to Non-Aristotelian Systems and General Semantics*, pp. 747–761. The International Non-Aristotelian Library Publishing. Co. (1933).

34 www.evogeneao.com

35 See, for example, W.F. Doolittle, E. Bapteste, "Pattern pluralism and the Tree of Life hypothesis." *Proceedings of the National Academy of Sciences of the United States of America* 13;104(7):2043–9 (2007 Feb). doi: 10.1073/pnas.0610699104. Epub Jan 29, 2007. PMID: 17261804; PMCID: PMC1892968.

36 J. Wang, P. Youkharibache, D. Zhang, C.J. Lanczycki, R.C. Geer, T. Madej, L. Phan, M. Ward, S. Lu, G.H. Marchler, Y. Wang, S.H. Bryant, L.Y. Geer, A. Marchler-Bauer. iCn3D, a Web-based 3D Viewer for Sharing 1D/2D/3D Representations of Biomolecular Structures. *Bioinformatics* 1;36(1):131–135. (Epub June 20, 2019) doi: 10.1093/bioinformatics/btz502

3부 | 수학 모델과 시뮬레이션

1   Galileo Galilei *Il Saggiatore*. Rome (1623).

2   Douglas W. MacDougal, *Newton's Gravity: An Introductory Guide to the Mechanics of the Universe*, Chapter 2. Netherlands: Springer New York (2012).

3   Isaac Newton, *Philosophiæ Naturalis Principia Mathematica*. London: *Jussu Societatis Regiae ac typis Iosephi Streater, prostat apud plures bibliopolas, anno MDCLXXXVII* [1687]

4   R.M. May, "Simple mathematical models with very complicated dynamics." *Nature*, 261(5560), 459–467 (1976). https://doi.org/10.1038/261459a0

5   P. Ieong, R.E. Amaro, and W.W. Li. "Molecular dynamics analysis of antibody recognition and escape by human H1N1 influenza hemagglutinin." *Biophysical Journal*, 108(11), 2704–2712 (2015). https://doi.org/10.1016/j.bpj.2015.04.025

6   D.B. Wells and A. Aksimentiev, "Mechanical properties of a complete microtubule revealed through molecular dynamics simulation." *Biophysical Journal*, 99(2), 629–637 (2010). https://doi.org/10.1016/j.bpj.2010.04.038

7   Roe D. R., Cheatham T.E. 3rd. "PTRAJ and CPPTRAJ: Software for Processing and Analysis of Molecular Dynamics Trajectory Data." *Journal of Chemical Theory and Computation*. 2013 Jul, 9 (7), 3084-3095. DOI: 10.1021/ct400341p. PMID: 26583988.

8   Malmi-Kakkada, A. N., Li, X., Samanta, H. S., Sinha, S. & Thirumalai, D., "Cell growth rate dictates the onset of glass to fluidlike transition and long time superdiffusion in an evolving cell colony." *Phys Rev. X*8, 021025 (2018).

9   C.W. Reynolds, "Flocks, Herds and Schools: A Distributed Behavioral Model." ACM Siggraph Computer Graphics, 21, 25–34 (1987). http://dx.doi.org/10.1145/37402.37406

10 R. Hinch, W.J.M. Probert, A. Nurtay, M. Kendall, C. Wymant, M. Hall, et al., "OpenABM-Covid19—An agent-based model for non-pharmaceutical interventions against COVID-19 including contact tracing." *PLoS Computational Biology* 17(7): e1009146 (2021). https://doi.org/10.1371/journal. pcbi.1009146

11 M. Kretzschmar, "Disease modeling for public health: added value, challenges, and institutional constraints." *Journal of Public Health Policy* 41, 39–51 (2020). https://doi.org/10.1057/s41271-019-00206-0

12 F. Samsel, J.M. Patchett, D.H. Rogers, K. Tsai, "Employing Color Theory to Visualize Volume-rendered Multivariate Ensembles of Asteroid Impact Simulations." Proceedings of the 35th Annual ACM Conference Extended Abstracts on Human Factors in Computing Systems (CHI EA '17) (2017).

13 For more information about fusion, and about the collaboration that led to these images, see "A deep dive into plasma," November 20, 2014, at the National Science Foundation website. https://www.nsf.gov/discoveries/disc_summ.jsp?cntn_id=133308&org=NSF

14 For more information and personnel details, see "Scientific Visualization of E3SM's Cryosphere Campaign Simulations," online at https://e3sm.org/scientific-visualization-of-e3sms-cryosphere-campaign-simulations/, August 2020.

15 See, for example, Eirik Endeve, Christian Cardall, Reuben Budiardja, Samuel Beck, Alborz Bejnood, and Anthony Mezzacappa, "Magnetic Field Evolution in Three-dimensional Simulations of the Stationary Accretion Shock Instability." (2011).

16 For more information and personnel details, see https://www.ppmstar.org

17 Christopher J. Conselice, Cui Yang, Asa F.L. Bluck, "The structures of distant galaxies – III. The merger history of over 20 000 massive galaxies at z < 1.2." *Monthly Notices of the Royal Astronomical Society*, Volume 394, Issue 4, pp. 1956–1972 (April 2009). https://doi.org/10.1111/j.1365-2966.2009.14396.x

18 Adapted from a NASA press release "Galaxy Collisions: Simulation vs Observations" (25 September 2015).

19 T. Di Matteo, V. Springel, and L. Hernquist. "Energy input from quasars regulates the growth and activity of black holes and their host galaxies." *Nature* 433, 604–607 (2005). https://doi.org/10.1038/nature03335

20 J. Wang, S. Bose, C.S. Frenk, et al., "Universal structure of dark matter haloes over a mass range of 20 orders of magnitude." *Nature* 585, 39–42 (2020). https://doi.org/10.1038/s41586-020-2642-9

21 J. Tao, W. Benger, K. Hu, E. Mathews, M. Ritter, P. Diener, C. Kaiser, H. Zhao, G. Allen, and Q. Chen, "An HPC framework for large scale simulations and visualizations of oil spill trajectories. Coastal Hazards." Selected Papers from EMI 2010 (2), 13–23 (2013). https://doi.org/10.1061/9780784412664.002

22 S. Zeller and D. Rogers, "Visualizing Science: How Color Determines What We See," *Eos Magazine*, May 21, 2020, https://eos.org/features/visualizing-science-how-color-determines-what-we-see

23 G. Abram, F. Samsel, M.R. Petersen, X. Asay-Davis, D. Comeau, and S.F. Price, "Antarctic Water Masses and Ice Shelves: Visualizing the Physics," in *IEEE Computer Graphics and Applications*, vol. 41, no. 1, 35–41, 1 Jan.–Feb. 2021, doi: 10.1109/MCG.2020.3044228

24 A. Blass, X. Zhu, R. Verzicco, D. Lohse, and R. Stevens, "Flow organization and heat transfer in turbulent wall sheared thermal convection." *Journal of Fluid Mechanics*, 897, A22 (2020). doi:10.1017/jfm.2020.378

25 J. Von Neumann, R. Charney, and J, Fjortoft, "Numerical Integration of the Barotropic Vorticity Equation." *Tellus: A Quarterly Journal of Geophysics*, Volume 2, Number 4 (1950).

26 H. Brix, D. Menemenlis, C. Hill, S. Dutkiewicz, O. Jahn, D. Wang, K. Bowman, and H. Zhang, "Using Green's Functions to initialize and adjust a global, eddying ocean biogeochemistry general circulation model." *Ocean Modelling*, 95: 1–14 (November 2015).

4부 | 과학 속의 예술

1 J. H. Van 't Hoff, "Imagination in Science" [1878] (trans. by G. F. Springer). Molecular Biology Biochemistry and Biophysics. 1: 1–18 (1967).

2 David S. Goodsell, *The Machinery of Life*. Springer Science & Business Media (2009).

3 D.S. Goodsell, "Art as a tool for science." Nature Structural & Molecular Biology 28, 402–403 (2021). https://doi.org/10.1038/s41594-021-00587-5

4 Renati Des-Cartes (René Descartes). *Principia Philosophiæ*. Amstelodami, Apud Ludovicum Elzevirium (1644).

5 K. Etheridge, "Maria Sibylla Merian and the metamorphosis of natural history." *Endeavour*, 35(1), 16–22 (2011). https://doi.org/10.1016/j.endeavour.2010.10.002

6 Maria Sibylla Merian, *Metamorphosis insectorum Surinamensium*. Gerard Valck, Amsterdam (1705).

7 D. S. Goodsell, "Inside a living cell." *Trends in Biochemical Sciences*, 16(6), 203–206. (1991). https://doi.org/10.1016/0968-0004(91)90083-8

8 Robert T. Bakker, "DINOSAUR RENAISSANCE." *Scientific American* 232, no. 4: 58–79 (1975). http://www.jstor.org/stable/24949774.

9 S. Marchi, W. Bottke, L. Elkins-Tanton, et al., "Widespread mixing and burial of Earth's Hadean crust by asteroid impacts." *Nature* 511, 578–582 (2014). https://doi.org/10.1038/nature13539

10 See, for example, M.A. Thompson, M. Telus, L. Schaefer, et al., "Composition of terrestrial exoplanet atmospheres from meteorite outgassing experiments." *Nature Astronomy* 5, 575–585 (2021). https://doi.org/10.1038/s41550-021-01338-8

11 M. Reich et al., "Giants' bones and unicorn horns: ice age elephants offer 21st century insights." *Collections – Wisdom, Insight, Innovation* 8: 44–50 (2008).

12 J. Ostrom, "The Ancestry of Birds." *Nature* 242, 136 (1973). https://doi.org/10.1038/242136a0

13 D.A. Lawson, "Pterosaur from the latest Cretaceous of West Texas: discovery of the largest flying creature." *Science* 187:947–948 (1975).

14 D.M. Unwin and D.M. Martill, "No protofeathers on pterosaurs." *Nature Ecology & Evolution* 4, 1590–1591 (2020). https://doi.org/10.1038/s41559-020-01308-9

15 M.P. Witton and D. Naish, "A reappraisal of azhdarchid pterosaur functional morphology and paleoecology." *PloS One*, 3(5), e2271 (2008). https://doi.org/10.1371/journal.pone.0002271

16 See, for example, Cameron Pahl and Luis Ruedas, "Carnosaurs as Apex Scavengers: Agent-based simulations reveal possible vulture analogues in late Jurassic Dinosaurs." *Ecological Modelling*. 458. 109706. 10.1016/j.ecolmodel.2021.109706 (2021).

17 See, for example, Michael Balter, "Bringing Hominins Back to Life." *Science* 325 (5937): 136–39 (2009). https://doi.org/10.1126/science.325_136

18 A good, illustrated reference featuring sculptures by the Kennis twins, is: Alice Roberts, *Evolution: the Human Story*, 2nd edition. New York: DK (2018).

19 Clive Davenhall, "The Space Art of Scriven Bolton." eds. Nicholas Campion and Rolf Sinclair, *Culture and Cosmos*, Vol. 16 nos. 1 and 2, pp. 385–392 (2012).

20 Sidney Perkowitz, *Inspirational Realism: Chesley Bonestell and Astronomical Art*. (2013).

21 For more details, see István Kornél Vida, "The 'Great Moon Hoax' of 1835." *Hungarian Journal of English and American Studies* (HJEAS) 18, no. 1/2: 431–41 (2012). http://www.jstor.org/stable/43488485

22 R. Di Stefano, J. Berndtsson, R. Urquhart, et al., "A possible planet candidate in an external galaxy detected through X-ray transit." *Nature Astronomy* (2021).

23 M. Gillon, E. Jehin, S.M. Lederer, L. Delrez, J. de Wit, A. Burdanov, V. Van Grootel, A.J. Burgasser, A.H. Triaud, C. Opitom, B.O. Demory, D.K. Sahu, D. Bardalez Gagliuffi, P. Magain, and D. Queloz, "Temperate Earth-sized planets transiting a nearby ultracool dwarf star." *Nature*, 533(7602), 221–224 (2016). https://doi.org/10.1038/nature17448

24 See, for example, R. Barnes, K. Mullins, C. Goldblatt, V.S. Meadows, J.F. Kasting, and R. Heller, "Tidal Venuses: triggering a climate catastrophe via tidal heating." *Astrobiology*, 13(3), 225–250(2013). https://doi.org/10.1089/ast.2012.0851

25 J.K. Barstow and P.G.J. Irwin, "Habitable worlds with JWST: transit spectroscopy of the TRAPPIST-1 system?" *Monthly Notices of the Royal Astronomical Society*: Letters, Volume 461, Issue 1, 01, pp. L92–L96 (September 2016). https://doi.org/10.1093/mnrasl/slw109

26 A. Vanderburg, J. Johnson, S. Rappaport, et al., "A disintegrating minor planet transiting a white dwarf." *Nature* 526, 546–549 (2015). https://doi.org/10.1038/nature15527

27 B.P. Abbott, R. Abbott, R. Adhikari, S. Anderson, K. Arai, M. Araya, J. Barayoga, B. Barish, B. Berger, Garilynn Billingsley, Kent Blackburn, R. Bork, A. Brooks, S. Brunett, C. Cahillane, T. Callister, Cris Cepeda, P. Couvares, and Dennis Coyne, "GW151226: Observation of Gravitational Waves from a 22-Solar-Mass Binary Black Hole Coalescence." *Physical Review* Letters. 116 (2016).

도판 저작권

시작하며: 보다, 보여 주다

7 Springer Medzin / Science Photo Library. 9 Wikipedia.

1부 | 보이지 않는 것을 보이게 만들기

10 Royal Institution of Great Britain / Science Photo Library.
14 Science History Images / Alamy Stock Photo. 15 Wellcome
Collection. 16 © The Royal Society. 17 Legado Cajal, Instituto Cajal
(CSIC), Madrid. 18, 19 Library of Congress, Rare Book and Special
Collection Divisions / Science Photo Library. 21 Wellcome Collection.
22~23 Flickr / Picturepest. 24~25 Royal Astronomical Society /
Science Photo Library. 26~27 NASA, ESA, J. Dalcanton (University of
Washington, USA), B. F. Williams (University of Washington, USA), L.
C. Johnson (University of Washington, USA), the PHAT team, and R.
Gendler. 28~29 NASA, ESA, G. Illingworth and D. Magee (University
of California, Santa Cruz), K. Whitaker (University of Connecticut), R.
Bouwens (Leiden University), P. Oesch (University of Geneva,) and
the Hubble Legacy Field team. 30~31 NSO/NSF/AURA. 32~33 NASA/
Johns Hopkins University Applied Physics Laboratory/Southwest
Research Institute/Alex Parker. 34 Wellcome Collection. 35, 36~37 ©
Harold Edgerton/MIT, courtesy Palm Press, Inc. 38 Lowell Observatory
Archives. 39 Photos courtesy of Louis H. Pedersen (1917) and Bruce
F. Molina (2005), obtained from the Glacier Photograph Collection,
Boulder, Colorado USA: National Snow and Ice Data Center/World
Data Center for Glaciology. 40 © The Trustees of the Natural History
Museum, London / Dr. Jeremy R. Young. 41 NIAID. 42 Science History
Images / Alamy Stock Photo. 43 C. S. Goldsmith and A. Balish. 45
Mauritius Images. 46 Flickr. 50~51 N.A. Sharp, NOAO/NSO/Kitt Peak
FTS/AURA/NSF. 52~53 NASA. 55~56 ESA/Planck/C. North, www.
chromoscope.net/planck. 58 Wikipedia. 59 Wellcome Collection.
60~61 RGB Ventures / SuperStock / Alamy Stock Photo. 62~63
NASA Earth Observatory image by Jesse Allen and Robert Simmon,
using EO-1 ALI data from the NASA EO-1 team. Caption by Adam
Voiland. 65 Wellcome Collection. 66 DR TORSTEN Wittman / Science
Photo Library. 67 Sinclair Stammers / Science Photo Library. 68
National Institutes of Health / Science Photo Library. 69 Wikipedia.
71 Yon marsh Phototrix / Alamy Stock Photo. 72 Andrew Lambert
Photography / Science Photo Library. 73 Prof. P. Fowler, University of
Bristol / Science Photo Library. 74 Science Photo Library. 75 Stanford
Linear Accelerator Center / Science Photo Library. 76 Matteo Omied /

Alamy Stock Photo. 77 Nature Chemistry, DOI 10.1038/NCHEM.2438.
78 ORNL / Science Photo Library. 79 Stan Olswekski / IBM Research /
Science Photo Library.

2부 | 데이터, 정보, 지식 그리고 시각화

80 Courtesy of CERN. 85 King's College London Archives / Science
Photo Library. 86(가운데), 87(위), 86~87(아래) Seismo Archives.
88~89 NCBI. 90~91 Wellcome Collection, Wikipedia. 92~93 NOAA
Central Library Historical Collection. 94~95 Wellcome Collection. 96
NASA. 97 Image courtesy of the Edwin Hubble Papers, Huntington
Library, San Marino, California. 98 Courtesy of Michael Mann. 99 Jack
Challoner. 100~101 Aguasonic Acoustics / Science Photo Library. 104
Courtesy of CERN. 106 Thomas Schultz, University of Bonn, Germany.
107(왼쪽) Patric Hagmann, Department of Radiology, Lausanne
University Hospital (CHUV), Switzerland. 107(오른쪽) Courtesy of the
USC Laboratory of Neuro Imaging and Athinoula A. Martinos Center
for Biomedical Imaging, Consortium of the Human Connectome
Project, www.humanconnectomeproject.org. 108~109 NASA/NICER.
110~111 European Space Agency, Planck Collaboration. 112 NASA/
JPL. 113, 114~115 Courtesy of Kate McDole, Ph.D. 117 Jack Challoner.
118~119 Wellcome Collection. 120~121 RAWGraphs / Project Tycho
/ (c) University of Pittsburgh. 122~123 Krzywinski, M. et al. Circos:
An Information Aesthetic for Comparative Genomics. 124 Wellcome
Collection. 125 Mary Evans / Natural History Museum. 126~127 NOAA
Central Library Historical Collection. 128~129 Prof. Ed Hawkins,
University of Reading and the National Centre for Atmospheric Science
/ www.ShowYourStripes.info. 130~131 Jason Rowe / Flickr. 133 Middle
Tempel Library / Science Photo Library. 134~135 Wellcome Collection.
137 ESO. 139 Photo © Christie's Images / Bridgeman Images. 140 Jack
Challoner. 142~143 Wikipedia. 144~145 © Len Eisenberg 2008, 2017
www.evogeneao.com. 146 © Science Museum / Science & Society
Picture Library – All rights reserved. 147 A. Barrington Brown, ©
Gonville & Caius College / Science Photo Library. 149 NASA Ames.

3부 | 수학 모델과 시뮬레이션

150 Wikipedia. 155 NASA. 156 Paul Falstad. 157 Jack Challoner.
158~159 Jack Challoner. 160 Amaro Lab. 162~163 David B. Wells,
and Aleksei Aksimentiev. 164~165 Guillermo Marin et al, Barcelona

Supercomputer Center, 2012. **166** Dan Roe, University of Utah; Antonio Gomez and Anne Bowen, Texas Advanced Computing Center. **167** Abdul Malmi Kakkada (Dave Thirumalai's group – Department of Chemistry at UT Austin) Visualization: Anne Bowen, Texas Advanced Computing Center. **168~169** Wikipedia. **170** Craig Reynolds / 3313 Haskins Dr. / Belmont, CA 94002 / USA. **171** NCBI. **172~173** Francesca Samsel, David Honegger Rogers, John M. Patchett, Karen Tsai. **174~175** Wendell Horton and Lee Leonard, University of Texas at Austin; Greg Foss, Texas Advanced Computing Center. **176~177** Cryosphere-Ocean Visualization Project 14. **178** Flickr / US Department of Energy. **179** NASA. **180~181** The Laboratory for Computational Science & Engineering (LCSE). **182~183** NCSA, NASA, B. Robertson, L. Hernquist. **184** Max Planck Institute for Astrophysics. **186~187** NASA/J.F. Drake, M. Swisdak, M. Opher. **188~189** Sownak Bose. **191** Marcel Ritter, Jian Tao, Haihong Zhao, Louisiana State University Center for Computation and Technology. **192~193** Francesca Samsel, Texas Advanced Computing Center. **194** USGS. **195** NASA's Ames Research Center, Patrick Moran; NASA's Langley Research Center, Mehdi Khorrami; Exa Corporation, Ehab Fares. **196~197** Jordan B. Angel, NASA/Ames. **198~199** NASA/ Marian Nemec and Michael Aftosmis. **200~201** Alexander Blass, Physics of Fluids Group, University of Twente, The Netherlands Xiaojue Zhu, Physics of Fluids Group, University of Twente, The Netherlands Jean Favre, Swiss National Supercomputing Center, Switzerland Roberto Verzicco, Physics of Fluids Group, University of Twente, The Netherlands Detlef Lohse, Physics of Fluids Group, University of Twente, The Netherlands Richard Stevens, Physics of Fluids Group, University of Twente, The Netherlands https://gfm.aps. org/meetings/dfd-2018/5b8e9e51b8ac31610362f17b. **203** Svenska Geografiska Föreningen. **205** NASA's Scientific Visualization Studio. **206~207** NASA.

4부 | 과학 속의 예술

208 Library of Congress Geography and Map Division Washington, D.C. 20540-4650 USA dcu. **211** © Science Museum / Science & Society Picture Library – All rights reserved. **212** Library of Congress Geography and Map Division Washington, D.C. 20540-4650 USA dcu. **213** Wikipedia. **214~215** John Liebler / Art of the Cell, www.artofthecell.com. **216~217** Library of Congress Geography and Map Division Washington, D.C. 20540-4650 USA dcu. **218~219** David Goodsell. **220~221** Wellcome Collection. **222~223** © Susan Aldworth. All Rights Reserved 2021 / Bridgeman Images. **224~225** Marcus Lyon. **226~227** Ela Kurowska, www.lightforms.ca. **228~229** Luke Jerram. **231, 232~233** Simone Marchi. **232~233, 234~235** Richard Jones / Science Photo Library. **236** Field Museum Library / Contributor. **237** Museum für Naturkunde, Berlin / MfN, HBSB, Zm B VIII 454. **239, 240** Wikipedia. **242** Wikipedia. **242~243** James Kuether / Science Photo Library. **245** Wikipedia / Neanderthal Museum. **247(위)** Wikipedia. **247(아래)** Rijksmuseum. **248~249** Library of Congress Geography and Map Division Washington, D.C. 20540-4650 USA dcu. **250~251** ESO/M. Kornmesser. **253** ESO/N. Bartmann/spaceengine.org. **254~255** Scriven Bolton and Lucien Rudaux. **256~257** CfA/Mark A. Garlick / NASA. **258~259** LIGO/T. Pyle. **260** ESO/M. Kornmesser. **261** ESO/L. Calçada. **262~263** NASA/JPL-Caltech/ESO/R. Hurt.

옮긴이 **변정현**

학부에서는 전기전자공학을 전공했으며, 미국의 대학원에서는 의공학을 전공하고 돌아와 대학에서 공학 과목을 가르치고 있다. 오랫동안 공학에 빠져 살아온 공학 예찬론자이자 '뼈공학도'로, 추리소설을 읽으며 과학적 연관 논리를 즐기는 것이 취미다. 마크 미오도닉의 《흐르는 것들의 과학》을 우리말로 옮겼다.

과학의 눈
보이지 않는 것을
보이게 하는 기술

1판 1쇄 펴냄 2024년 3월 4일

지은이 | 잭 챌로너
옮긴이 | 변정현

펴낸이 | 박미경
펴낸곳 | 초사흘달
출판신고 | 2018년 8월 3일 제382-2018-000015호
주소 | (11624) 경기도 의정부시 의정로40번길 12, 103-702호
이메일 | 3rdmoonbook@naver.com
네이버포스트, 인스타그램, 페이스북 | @3rdmoonbook

ISBN 979-11-977397-4-3 03400